发现科学
百科全书

动物

①

Discovery
Science
Encyclopedia

美国世界图书公司 编

何鑫 程翊欣 译

Animals

上海辞书出版社

上海市版权局著作权合同登记章：图字 **09-2018-342**

Animals (Vol I and Vol II)

目　录

阿尔伯塔龙

Albertosaurus

阿尔伯塔龙是最大的食肉恐龙之一。它的体长约7.6～9.0米，臀高约3.7米，体重为1.8～2.7吨。阿尔伯塔龙以植食恐龙为食。

阿尔伯塔龙生活在距今7000万年前的北美洲西部。它的化石发现于加拿大阿尔伯塔省，因而得名。

阿尔伯塔龙与它的远亲霸王龙很相像。它具有一个巨大的头部和许多锋利的牙齿。它用两条有力的后腿走路，每只脚的三个脚趾上长着巨大的爪子，巨大的趾爪和锯齿状的牙齿能够帮助撕碎猎物。它的前肢很小，末端具有两个指头。它的长尾巴能够帮助保持平衡。阿尔伯塔龙在短距离内的奔跑速度可能会相当快。

延伸阅读： 恐龙；古生物学；史前动物；爬行动物；暴龙。

阿尔伯塔龙是一种与它的远亲霸王龙很相似的食肉恐龙。

阿富汗猎犬

Afghan hound

阿富汗猎犬因其速度迅捷而闻名。它作为猎犬在阿富汗已有数百年的历史了。人们利用阿富汗猎犬狩猎各种动物，包括羚羊、野兔和雪豹。

阿富汗猎犬拥有长长的耳朵和巨大的脚，身上丝绸般的长毛构成了一件厚厚的"外套"。它站立时肩高约70厘米，重约23～27千克，移动时头和尾巴保持向上的姿势。没有人确切地知道阿富汗猎犬起源的时间和地点。

延伸阅读： 狗；哺乳动物。

阿富汗猎犬

埃及眼镜蛇

Asp

埃及眼镜蛇是一种分布于埃及的毒蛇，属于眼镜蛇类。眼镜蛇可以通过移动肋骨使脖子变粗，让自己看起来像是戴着兜帽一般。

埃及眼镜蛇会用中空的尖牙注射毒液。当它咬人的时候，毒液就会通过毒牙进入伤口，使人在几小时内死亡。埃及眼镜蛇会用它的毒液杀死小型动物作为食物。

一些古埃及人很崇拜埃及眼镜蛇。传说，埃及女王克利奥帕特拉（前69—前30）就是利用这种蛇自杀身亡的。

延伸阅读：眼镜蛇；有毒动物；蛇。

埃及眼镜蛇属于眼镜蛇类。据传说，埃及女王克利奥帕特拉就是用这种蛇自杀身亡的。

艾鼬

Polecat

艾鼬是一类小型鼬类动物的通称。

艾鼬主要以小家鼠、褐家鼠等啮齿动物为食，也会取食鸟类、鸟蛋、鱼类、爬行动物、昆虫、两栖动物和植物果实。

艾鼬大多在夜晚活动。它们会通过嗅觉来确定食物的位置。艾鼬通常生活在一个地下巢穴中，并在那里储存额外的食物。

包括尾巴在内，艾鼬的体长为43~74厘米。当受到惊吓时，它们会从尾巴下释放出一种气味强烈的液体。它们也用这种液体来标记领地。

延伸阅读：林鼬和黑足鼬；哺乳动物；臭鼬；鼬。

艾鼬的身上具有一片片暗色和浅色的皮毛，眼睛周围也具有黑色的毛。

爱尔兰猎狼犬

Irish wolfhound

在所有犬种中，爱尔兰猎狼犬身高最高。它们身高约为81~86厘米，体重为57~66千克。它们非常强壮而敏捷，但也以温顺著称。爱尔兰猎狼犬有一身粗糙而结实的毛皮，它们的体色可能为灰色、红色、黑色、白色或浅黄色。爱尔兰猎狼犬最初是公元5世纪时在爱尔兰培育的，用于捕猎狼和鹿。

延伸阅读：阿富汗猎犬；巴塞特猎犬；狗；哺乳动物。

爱尔兰猎狼犬是所有犬种中最大的，它们被驯养来捕猎像鹿和狼那样的大型动物。

爱尔兰塞特犬

Irish setter

爱尔兰塞特犬是一个毛皮为红色的犬种。它们的毛色有些为纯红色，有些在红色的基础上，前额、胸部和脚上有白色的纹路。纯红色的塞特犬是最常见的。这种犬的肩高可达64~69厘米，体重可达27~32千克。爱尔兰塞特犬是一类不错的猎犬，也是很受欢迎的宠物。

延伸阅读：狗；英国塞特犬；哺乳动物。

爱尔兰塞特犬以其漂亮的红色毛皮而闻名。作为猎犬，它们能够通过身体姿态向人指示猎物所在。

安德鲁斯

Andrews, Roy Chapman

　　罗伊·查普曼·安德鲁斯（1884—1960）是一名作家和探险家，他曾带队开展了纽约的美国自然历史博物馆的探险活动。

　　1908—1914年，安德鲁斯在阿拉斯加和亚洲工作。这期间，他成为一名鲸类专家。1916—1930年，他带队前往中亚和东亚进行探险。在戈壁滩，他和同事们发现了巨犀的化石。巨犀是迄今为止最大的陆生哺乳动物。同时，他们还发现了第一枚恐龙蛋，并且还挖掘出一处史前文明遗址。

　　安德鲁斯于1884年1月26日出生在威斯康星州贝洛伊特。1935—1942年，他担任美国自然历史博物馆馆长。1960年3月11日去世。

安德鲁斯

　　延伸阅读： 古生物学；史前动物。

奥杜邦

Audubon, John James

　　约翰·詹姆斯·奥杜邦（1785—1851）是最早研究和描绘北美鸟类的人之一。那些栩栩如生的鸟类生境画令他名利双收。

　　1785年4月26日，奥杜邦出生于圣多明各（今海地）莱斯凯。他的父亲让·奥杜邦是一名法国船长。1803年，奥杜邦船长把这个年轻人送到他在费城附近的大房子里，小奥杜邦在那里花费大量时间学习和绘画鸟类。

鸟类画家奥杜邦以其动物真实大小的画作而闻名。

1820年，奥杜邦决定出版一本北美鸟类的画集。他的妻子和孩子跟着他来到路易斯安那州，在那里他画了自然环境中的鸟类。1826年，奥杜邦前往英格兰和苏格兰，他的画作在那里很受欢迎。他出版了《美国鸟类》（1827—1838），书中有435幅真鸟大小的彩色鸟类画作。他还与其他作家一起撰写了关于鸟类和哺乳动物的书。

1839年奥杜邦回到美国，出版了美国版的鸟类绘画书籍。

奥杜邦也是一位自然保护主义者，致力于保护地球及其自然资源。1905年成立的奥杜邦协会就是以他的姓氏命名的，这是美国第一个鸟类保护组织。

延伸阅读：鸟；自然保护；博物学家。

澳大利亚牧牛犬

Australian cattle dog

澳大利亚牧牛犬是一个来自澳大利亚的犬种。这个犬种是在19世纪由包括柯利牧羊犬和凯比犬在内的几个不同品种的农场犬培育而来的。农场主和牧场主用它们来放牛，这些狗会紧跟在牛的后面防止它们走失。这个犬种也是优秀的守卫犬和可爱的宠物。

澳大利亚牧牛犬身高为43～51厘米，体重为16～20千克。它们全身披着又短又厚的毛，有一条毛发浓密的尾巴。许多澳大利亚牧牛犬的毛色为蓝色，头部会有黑色、蓝色或褐色的斑纹，胸部和腿部则会有褐色的斑纹。还有一些澳大利亚牧牛犬毛色为红色，而且很多个体身上都会有红色的斑点。它们出生时的毛色为白色，身上的颜色和斑纹在几个月后才逐渐出现。澳大利亚牧牛犬还有其他几个名字，如澳大利亚赫勒犬、昆士兰赫勒犬、昆士兰蓝色赫勒犬和蓝色赫勒犬。

延伸阅读：家牛；狗；哺乳动物。

人们培育澳大利亚牧牛犬用于放牛，它们会紧跟着牛群维持秩序。

澳洲野犬

Dingo

澳洲野犬是澳大利亚的一种野狗。澳洲野犬外形很像被驯化的狗，但它们的行为更像狼。例如，它们经常嚎叫，很少吠叫。数千年前，人类把澳洲野犬带到了澳大利亚。这些狗最初是人类的同伴，但后来它们野化了。野化动物是指这类动物曾经被人类驯化，但之后又重新回到了野外生存。

澳洲野犬的肩高能达到60厘米，体重为9~20千克。它们的毛皮通常是金黄色的，脚上和尾巴尖有白色的毛。

澳洲野犬通常在晚上寻觅食物。它们以动物的遗骸为食，也会捕猎兔子、野猪和沙袋鼠。沙袋鼠是一类很像袋鼠的动物。

一只雌性澳洲野犬一年繁殖一次，它们通常会在洞穴或空心原木里产下4~5个幼崽。幼崽常常会和父母待在一起，并且会帮助抚养下一批幼崽。

延伸阅读： 狗；哺乳动物。

澳洲野犬

巴克

Bakker, Robert T.

罗伯特·巴克（1945—　）是一位研究恐龙的科学家。人们曾一度认为恐龙是愚蠢而迟钝的,巴克则将恐龙重塑为敏捷而聪明的动物。

巴克曾经发现了许多化石,大部分位于美国怀俄明州和科罗拉多州。他还曾发现了不少恐龙的新种以及早期哺乳动物新物种。

巴克因提出颇具争议的关于恐龙的理论而闻名。他提出恐龙是恒温动物的观点,即不管周围环境如何变化,恐龙都会保持相同的体温。传统上,科学家曾经认为恐龙像蜥蜴一样是变温动物,体温会随周围环境温度的变化而变化。因此,在寒冷条件下,变温动物的行动要比恒温动物慢得多。此外,巴克提出恐龙灭绝源于疾病的假说。大多数科学家认为恐龙是因为小行星或彗星撞击地球而灭绝的。还有些科学家认为大火山爆发也对恐龙灭绝有一定的作用。

巴克

巴克的作品广泛流行于电视和书籍。他的书《恐龙异端邪说》（1986年）论述了他的许多理论,小说《猛禽红》（1995年）则是一部讲述恐龙生活的虚构故事。

巴克1945年3月24日出生于美国新泽西州里奇伍德。1971年获哈佛大学博士学位。

延伸阅读：变温动物；恐龙；灭绝；古生物学；史前动物；恒温动物。

巴塞特猎犬

Basset hound

巴塞特猎犬是一种强壮的猎犬,身体长而低矮。许多巴塞特猎犬的体色由黑色、白色和棕褐色组成,其他一些则是红白相间。典型的巴塞特猎犬身高为30~36厘米,体重则为20~27千克。

　　培育巴塞特猎犬最早是为了狩猎兔子和其他小型动物。它们是一种以嗅觉见长的猎犬，通过鼻子在地面嗅闻而捕食。它们那长长的耳朵甚至会拖到地面上，有助于激起猎物残留在地面的气味。巴塞特猎犬最早于17世纪由法国圣·休伯特修道院的牧师们所培育。

　　延伸阅读： 阿富汗猎犬；比格猎犬；腊肠犬；狗；格力犬；爱尔兰猎狼犬；哺乳动物。

巴塞特猎犬在捕猎时，鼻子会贴近地面，长长的耳朵也会沿着地面拖行。拖在地上的耳朵能激起猎物残留在地面的气味。

白鲑

Whitefish

　　白鲑是一类栖息在淡水环境中的鱼。在亚洲、欧洲和北美洲北部的许多湖泊和溪流里都分布着白鲑。白鲑与鳟鱼有亲缘关系，但它们的鳞片更大。白鲑是最重要的淡水食用鱼类之一。

　　分布于北美洲的鲱形白鲑是食用白鲑中经济价值最高的一种。它们具有长长的身体、锥形的吻部和分叉的尾巴。它们没有牙齿，上颌延伸能盖住下颌。大多数鲱形白鲑的体重约为1.8千克。这些鱼以昆虫和贝类为食，通常栖息在深水环境中。其他典型的白鲑种类还有湖白鲑和威氏白鲑。

　　延伸阅读： 鱼；鲑鱼；鳟鱼。

鲱形白鲑

白化病

Albinism

　　白化病是指动物或植物无法在体内产生正常色素的疾病。真正的白化病患者，皮肤呈现乳白色，头发也是白色的，眼睛则显现粉红色。

　　大多数白色的马、鸡或鸭，它们的眼睛、嘴或腿是有颜色的，它们只是部分白化而已。

　　白化病患者身上的颜色不正常是因为他们的基因发生了改变。基因是身体细胞核内染色体上携带和传递遗传信息的基本单位，它们决定了一种植物或动物包括体色在内的各种特征。

　　延伸阅读： 基因。

一只患有白化病的刺猬全身都是白色，只有眼睛是粉红色的。

白鹭

Egret

　　白鹭是一种中型涉禽。与其他涉禽一样，它们会花很多时间站在浅水里。它们有长长的腿、长长的脖子和又长又细的嘴。成年白鹭的体长约60厘米。白鹭全身有白色的羽毛。

　　白鹭在世界许多地方都有分布，在分类上属于鹭科鸟类。

　　大多数白鹭会在水边的灌木丛和树上筑巢。它们集群生活，有时一个群体可能有超过100只个体。白鹭以水里或者水周围的鱼类和其他动物为食。为了捕捉食物，白鹭常常会一动不动地站在浅水中，一旦猎物靠近，它们便用喙捕捉这些猎物。

　　白鹭会在繁殖季节长出长长的繁殖羽，在20世纪初，人们曾为了这些美丽的羽毛杀死了大量的白鹭，使白鹭的种群数量日趋减少。如今在大多数地区，法律都保护白鹭，它们的数量也逐渐得以恢复。

　　延伸阅读： 鸟；鹤；鹭。

大白鹭原产于北美洲、南美洲和东半球。雪鹭主要分布于美国南部。棕颈鹭原产于美国和墨西哥之间的墨西哥湾以及西印度群岛。这三种鸟都属于鹭科，和白鹭亲缘关系密切。

棕颈鹭

大白鹭

雪鹭

白蚁

Termite

白蚁是一类以木材和其他植物为食的类似蚂蚁的昆虫。

白蚁像蚂蚁一样群居。每个族群由三个类型的个体组成，每个类型都有自己独特的任务。其中一个类型包括蚁王和蚁后，它们专门繁育后代。第二个类型是工蚁，它们会为族群寻找食物和水，挖掘隧道。第三个类型是兵蚁，它们会保卫族群不受攻击。

白蚁分布在世界上的大部分地区，在温暖地区尤其常见。一些种类的白蚁会用唾液混合一大堆尘土筑造巢穴，另一些种类则在地下筑巢。

白蚁被认为是害虫，因为它们以木材、布和纸为食，会破坏房屋和其他建筑物。

延伸阅读： 昆虫；有害生物。

白蚁被认为是害虫，因为它们取食时会损坏房屋和其他建筑物。除木材外，白蚁还以纸和布为食。

白鼬

Ermine

白鼬是一类鼬科动物。它们以秋天长出的白色毛皮而闻名。白鼬原产于亚洲、欧洲、北美洲和北非。在北美洲，白鼬有时会被称为短尾鼬。白鼬是敏捷而优雅的捕猎者，它们主要以小型啮齿动物和兔子为食。

大多数白鼬的体长约为18～33厘米，体重约为57～285克。白鼬具有丝滑的毛皮。从春末到夏末，毛皮的上层为棕色，下层为白色，还有一个黑色的尾尖。白鼬会在每年秋天换毛，新长出的皮毛除了尾端以外，全为纯白色。

白鼬

雌性白鼬通常在每年4月产崽一次，一次能产下3～13只幼崽，它通常自己抚养幼崽。白鼬的生长速度很快，一些雌性个体在自己的第一个夏季就已经发育成熟能够交配，雄性白鼬则比雌性成熟得晚。成年白鼬一般独居。白鼬能活4～7年。它们会被猫头鹰、鹰、猫、狗、狐狸和其他动物捕食。

长久以来，人们因白鼬美丽的毛皮而将其视为珍品。白鼬的毛皮曾长期被皇室用来制作大衣等衣服。但如今，人们已经很少使用它们的毛皮制作服装了。

　延伸阅读：哺乳动物；鼬。

斑翅鹬

Willet

斑翅鹬是分布于北美洲和南美洲的一种大型鸻鹬类，体长约为40厘米，体色大部分为灰色。当它们飞行时，能显现出翅膀和尾巴上黑白相间的纹路。它们的喙又长又直，并且细。这种鸟会用喙在泥沙中寻找螺类、贝类、蠕虫和小螃蟹。

一部分斑翅鹬种群在北美洲东部繁殖，它们会向南迁徙至巴西越冬。另一些斑翅鹬种群则在北美洲西部繁殖，它们会在从美国俄勒冈州到智利的太平洋沿岸越冬。

斑翅鹬的叫声会提醒其他鸟类有危险出现。

　延伸阅读：鸟。

斑翅鹬遇到危险时，会发出响亮的叫声提醒周围的其他鸟类。

斑点狗

Dalmatian

斑点狗是一个中等大小、身上具有许多黑斑的白色犬种。斑点狗出生时是纯白的，身上的斑点大约在出生3~4周后出现。

斑点狗是很好的看门狗，也能学会打猎。斑点狗的另外一个名称是马车犬，它们过去常追随马车并护卫，也会在马厩周围护卫马匹，许多消防公司把斑点狗作为吉祥物。

专家们还不知道斑点狗的确切起源地。

　延伸阅读：狗；宠物。

长期以来，斑点狗都与消防公司联系在一起，过去它们常常跟随着马匹拉着的消防泵车一起出动灭火。

斑马

Zebra

斑马是一类长着条纹、看起来与马很相似的动物。它们的条纹为白色、黑色或深褐色。斑马一共有三种：普通斑马、细纹斑马和山斑马。这三种斑马都分布于非洲东部和南部的沙漠和草原上。斑马大部分时间都在进食，它们的主食是草。

斑马集群生活。一个群体会包含几只到几百只不等的斑马。斑马会快速奔跑以逃避危险，奔跑速度可达65千米/时。它们主要受到狮、鬣狗、豹和猎豹的捕食。

延伸阅读： 马；哺乳动物。

大多数雌性斑马每年春天生育一只小马驹。没有两只斑马的条纹是完全相同的。

斑虻

Deer fly

斑虻是一类会飞行的昆虫，主要分布于北美洲。雄性斑虻会取食植物的微小种子和汁液，雌性斑虻则以人、鹿以及其他动物的血为食。

斑虻属于一类叫作"咬人蝇"（即虻）的昆虫。虻其实并没有真正地咬人，它们锋利的口器就像是一根吸管。它们会将口器插入动物的皮肤内，吸食动物的血液。

雌性斑虻有时候会携带致病的细菌，当它们吸血时，细菌便会从一种动物传播至另一种动物。

延伸阅读： 苍蝇；昆虫。

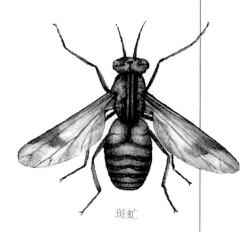

斑虻

半翅目昆虫

Bug

半翅目昆虫是一大类具有尖利口器、喜爱爬行的昆虫。它们会用口器在植物上啃食小孔并吮吸汁液。

有些半翅目昆虫的体型非常大，比如田鳖的体长就可达10厘米，有些半翅目昆虫的体型很小，难以看清。它们有些有翅膀，有些则没有；有些在陆地上生活，有些在水中生活。半翅目昆虫产卵后孵化出的幼虫称为若虫，若虫会不断生长变为成虫。

就像所有昆虫一样，半翅目昆虫也有六条腿。有些半翅目昆虫具有特殊的腿，例如仰泳蝽的腿能像桨一样划水。

半翅目昆虫的身体表面有一个坚硬的骨架，称为外骨骼。半翅目昆虫的肌肉附着在外骨骼的内部。随着半翅目昆虫的身体变得越来越大，外骨骼会显得越来越紧。于是，半翅目昆虫会在旧的外骨骼内再长出一个新的外骨骼。随后旧的外骨骼裂开，半翅目昆虫脱离这副旧的外骨骼。

半翅目昆虫没有牙齿，它们具有能吮食植物或动物体液的口器。大约有一半半翅目昆虫吸食植物的汁液，另一半则依靠动物为食。被称为臭虫的小型半翅目昆虫则吸食人或动物的血液。

一些以人和动物体液为食的半翅目昆虫会传播疾病，还有一些半翅目昆虫则可能危害庄稼。大多数半翅目昆虫仍然

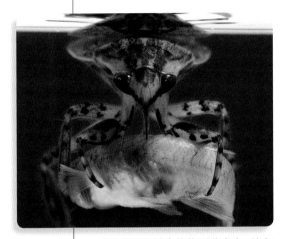

有些半翅目昆虫的体型非常大，比如水生蝽类的体长能达到10厘米，它们会捕食鱼类。

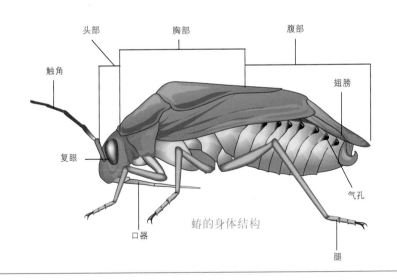

蝽的身体结构

头部　　胸部　　腹部
触角
翅膀
复眼
气孔
口器
腿

是无害的，有些还会捕食其他有害昆虫，对人类有益。

　　延伸阅读：蚜虫；生物发光；蝉；外骨骼；昆虫；水生蝽类。

臭虫体型很小，肉眼很难看见。它们会吸食动物和人的血液。

牛形沫蝉

蚜虫是园林害虫，会在植物上钻孔吸食汁液。

周期蝉需要13年或17年才能变为成虫。

保护色

Camouflage

　　保护色指的是一些动物具有与周围环境融为一体的外表。

　　许多动物都利用保护色来躲避捕食者。在地面筑巢的鸟类，体色通常会与地面融为一体。有些昆虫可能会与树枝、树叶或者花朵的颜色很相像。有些鱼类会隐藏在岩石、砾石或植物中，与环境融为一体。

　　保护色同样也能帮助一些捕食者在捕食时不被猎物察觉。老虎的条纹帮助它融入周围的植被环境，北极熊则拥有与雪相配的白色毛皮。

　　有些动物会在不同的季节改变自己的体色。北极狐的毛会在冬季变成白色，这有助于它们隐藏在雪地中；而在夏季，它们的毛通常是棕色的，有助于它们隐藏在树林中。此外，还有一些动物能够迅速改变自身的颜色，以适应它们周围的环境。例如，许多章鱼可以在身上变幻出图案来与周围珊瑚礁的颜色花纹相适应，这有助于章鱼隐藏在珊瑚之中。

　　延伸阅读：北极狐；变色龙。

灰树蛙会利用保护色隐藏在树皮的花纹中。

豹

Leopard

豹是野生的大型猫科动物。它们是亚洲和非洲的第三大猫科动物，只有虎和狮的体型比它们更大。最大的雄豹从鼻端到尾巴的长度几乎可达2.7米。

大多数豹的毛皮呈浅褐色，上面有黑色斑点。栖息于森林里的豹体色较深。黑豹因为体色太黑，身上的斑点很难看得到。

豹是凶猛的捕食者，它们会捕食羚羊、山羊、孔雀以及蛇等动物。它们还具有很好的攀爬能力，常常会把猎物带到树上。雌豹一次会产下2~4只幼崽。

在一些地区豹已经变得很稀有，它们主要受到狩猎和森林破坏的威胁。

延伸阅读： 猫；濒危物种；哺乳动物；雪豹。

鲍鱼

Abalone

鲍鱼是一类海生螺类。它们分布于温暖的海洋中，栖息在近岸水域。在澳大利亚、美国加利福尼亚、欧洲、日本、新西兰和南非的海岸边，都能看到鲍鱼。

鲍鱼会通过它的足部，吸附在水下的岩石上。它们会用粗糙的舌头刮取岩石上的藻类。鲍鱼壳色彩斑斓，长约2.5~30厘米，可以用来制作装饰品。

鲍鱼还是一道受人欢迎的海鲜，人们吃的是它们新鲜的足部。一些种类的鲍鱼正面临着灭绝的危机，许多国家对捕捞鲍鱼的种类和数量进行了限制。

鲍鱼

暴龙

Tyrannosaurus

暴龙是最大的肉食性恐龙之一。暴龙属的霸王龙更是众所周知。暴龙生活在距今6800万到6500万年前的北美洲西部。

暴龙的体长约为12米,体高约为3.7米。它们具有巨大的头骨、强壮的下颚和锋利的牙齿。脚上还有又大又尖的爪子。暴龙会用下颚咬住猎物,并用爪子将猎物撕开。它们还具有一双小而强壮的前肢。每个前肢上有两个手指,指尖上有小爪子。暴龙捕食诸如鸭嘴龙这样的植食性恐龙。

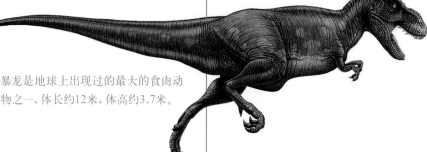

暴龙是地球上出现过的最大的食肉动物之一,体长约12米,体高约3.7米。

延伸阅读: 恐龙;古生物学;史前动物;爬行动物。

北极狐

Arctic fox

北极狐是一种栖息于北极地区的小型狐狸。它们披着一身又长又厚的毛,它们的毛在冬天呈现典型的白色,到了夏天会转变为棕色或灰色。不包括尾巴在内,北极狐的体长约50厘米,体重则为1～9千克。

北极狐能够在极冷的条件下生存,这是因为它们具有的几大适应特征。首先,它们厚厚的皮毛有助于保暖。休息时,北极狐会用它们毛茸茸的、像毯子一样的尾巴把自己裹起来。其次,北极狐的耳朵相对较小,身体热量损失不大。再次,它们的爪子底部也覆盖着毛,这使它们能够在冰面上保持温暖。

北极狐

北极狐主要以鸟类、鸟卵和旅鼠等小型哺乳动物为食。敏锐的听觉使它们能找到藏在雪下的小型动物。它们还会以北极熊或狼留下的动物遗骸为食。冬天食物匮乏时，北极狐经常长途跋涉去觅食。北极狐通常可以终身繁殖，雌性一般每年夏天产下5～10只幼崽。雌性怀孕期间，这对"夫妇"会回到它们的家族巢穴中。北极狐可能会连续好几代使用同一个巢穴。

延伸阅读： 狐狸；哺乳动物。

北极熊

Polar bear

北极熊是一种白色大型熊类，主要分布于阿拉斯加、加拿大、格陵兰和俄罗斯的北部海岸，也分布于北冰洋的岛屿上。

北极熊具有长长的身体、颈部和头部，还有短而尖的耳朵和锋利的牙齿。成年雄性北极熊的体长为2.4～3.4米，体重则超过450千克。雌性北极熊体型较小，体重通常为180～230千克。

一只北极熊幼崽站在妈妈旁边。北极熊的幼崽通常会在它们出生后的前两年和母亲待在一起，在此期间它们会学习狩猎和其他生存技能。

北极熊有厚厚的毛皮，皮肤下还有厚厚的脂肪层，从而保护它们抵御严寒。当北极熊捕猎时，白色的毛皮能帮助它们在雪地里隐藏自己。北极熊主要吃海豹，有时也会取食海鸟、旅鼠、鱼、浆果和草。北极熊能嗅出16千米以外的猎物，以及冰雪深处的海豹。它们很擅长游泳和攀爬，常常能游过广阔的海洋到达漂浮的海冰区域。

雌性北极熊通常会一次产下一对双胞胎幼崽。幼崽会和母亲一起生活大约两年时间。科学家指出，北极熊正面临着不确定的未来。它们主要受到全球变暖的威胁。全球变暖是指平均气温逐渐升高，最终将导致北极海冰在夏季完全融化。北极熊需要依靠这些冰来捕猎。如果所有的海冰融化，北极熊就可能无法生存。

延伸阅读： 熊；濒危物种；哺乳动物。

北美山雀

Chickadee

北美山雀是一类生活在北美洲的林地鸟类，有好几个种类。大多数成年北美山雀的体长为10～15厘米。

最常见的黑顶山雀有黑色的头部和喉部，白色的脸颊和腹部，灰色的背部。

卡罗来纳山雀看起来与黑顶山雀很像，但体型更小。北山雀有棕色的头部和背部。

大多数北美山雀在树干的洞里筑巢，它们会在窝底铺上皮毛等软质材料。雌性山雀通常每次产卵6～8枚。

北美山雀主要以昆虫和蜘蛛为食，也会取食一些种子和浆果。人们经常在院子和花园里看到北美山雀。许多北美山雀在人工鸟舍里筑巢，并常常会吃鸟类喂食器中的食物。

延伸阅读： 鸟；冠山雀。

北美山雀

北美驯鹿

Caribou

北美驯鹿是一种分布于北美洲北部的大型鹿类。它们栖息于北美洲北部的森林和苔原地带。

北美驯鹿具有宽大的蹄子，能够很轻松地在厚厚的积雪和柔软的地面上行走。北美驯鹿的雄性和雌性都具有鹿角，不过雄性的鹿角更大。北美驯鹿是欧亚驯鹿的近亲，欧亚驯鹿分布于亚洲和欧洲的北部。

雄性北美驯鹿的体重为113～320千克，站立时的高度可达1.2～1.5米。雄性北美驯鹿的体长为1.8～2.4米，雌性则较短。雌性会在每年晚春产下一只幼崽。

北美驯鹿栖息于北美洲的苔原地带。雄性北美驯鹿的角比雌性的大。

北美驯鹿以草本植物和灌木叶子为食。在冬季，它们会以岩石上生长的地衣以及树木为食。北美驯鹿集合成大群在不同区域间迁徙。一些北美驯鹿夏季与冬季的生活区域之间的距离超过4800千米。

熊和狼会捕食北美驯鹿。此外，一些原住民也会为了获取肉和兽皮而捕杀北美驯鹿。

北美棕熊

Grizzly bear

北美棕熊是分布在北美洲西部的一种强壮有力的大型熊类，主要分布于阿拉斯加和加拿大西部，有些种群则分布于爱达荷州、蒙大拿州、华盛顿州、怀俄明州等地。北美棕熊是棕熊的亚种。

北美棕熊的体长可达2.4米，它们分布于北美洲西部的一些地区。

北美棕熊有强壮的身体，它们的肩膀上有厚实的肌肉隆起。北美棕熊有厚实的皮毛，它们的皮毛通常是棕色的，但也有些个体会呈现出棕色到接近黑色的不同色型。北美棕熊外层毛还会呈现出银白色，这使它们看起来有一种灰白色的感觉。

成年北美棕熊的体长可达1.8~2.4米。成年雄性的体重为180~270千克，成年雌性的体重为110~180千克。

北美棕熊以鱼类和其他肉类为食，还会取食浆果、草、树叶和树根。在冬天的大部分时间里，北美棕熊都会在一个封闭的熊穴里睡觉，这个熊穴通常是熊在山坡上挖的洞穴。

延伸阅读： 熊；哺乳动物；北极熊；懒熊。

本能

Instinct

　　本能是引导动物通过遗传获得天然能力的行为。本能能够确保动物知道对于自己的生存和繁衍需要做出哪些行为。本能能够引导动物做出筑巢和挖洞等行为，也会引导动物进行求偶和交配。事实上，许多动物的行为都是由本能所指引的。

　　动物从父母那里继承了本能，因此，每种动物的本能都是特殊的。也就是说，一种动物的本能通常与另一种动物不同。但是，本能行为会在一个特定的动物类群中，在几乎相同的时间以相同的形式出现。

　　本能不需要后天习得。例如，黑猩猩的幼崽不需要学习如何吸吮母亲的乳汁，它有吸吮的本能。而学习行为则来自经验。例如，许多黑猩猩能够用棍子捕捉和取食白蚁，但是黑猩猩必须自己学会如何用这种方法捕捉白蚁，其他黑猩猩则需要教会它们如何使用这种方法。这种行为就是后天习得的，不属于本能。动物的许多行为有一部分是本能的，有一部分则是后天习得的。

　　动物通常需要一个触发事件来激活特定的本能。例如，当冬季临近时，白昼会变短，这种白昼变短的情况刺激了鸟类飞往温暖区域的本能。

　　许多动物几乎完全受本能的支配，这些动物缺乏学习新行为的能力。其他一些动物的行为则具有可塑性。人类的许多行为是通过学习获得的，但是人类也具有本能。例如，证据表明，人类的面部表情就是出于本能。也就是说，所有人都明白微笑表达的含义是快乐和幸福。人类不需要通过学习才知道微笑能够表达幸福的含义。

　　延伸阅读：生物钟；冬眠；迁徙。

鲑鱼会从海洋逆流而上，返回它们出生的淡水区域产卵，它们做出这样的行为正是出于本能。

比格猎犬

Beagle

比格猎犬是一个小型犬种。它们具有灵敏的嗅觉，被用来猎捕兔子或狐狸。大多数时候它们会保持警惕，但也很友好。这个犬种很好训练，也是十分受欢迎的宠物犬。

比格猎犬身形小巧而健壮。它们具有短而厚的毛皮、宽阔的脑袋和长而柔软的耳朵。比格猎犬的体重为8~14千克。

比格猎犬起源于古罗马。在17世纪的英国，它们被培育成如今的这种形态。

■ 延伸阅读：狗；哺乳动物。

现代的比格猎犬是为了猎取小型动物，在17世纪的英国培育而来。

比目鱼

Flounder

比目鱼是一类喜欢隐藏在海底的扁平鱼类。比目鱼的身体就像煎饼一样扁平，它们的两只眼睛都在头的同一侧。

比目鱼经过伪装会与海底融为一体。许多比目鱼能够改变身体的颜色，从而与周围的环境相匹配。这些伪装能够帮助比目鱼捕食虾和小鱼，还可以保护比目鱼自己不被捕食。

世界上现存数百种比目鱼。冬季的比目鱼是一类重要的食用鱼类，夏季的比目鱼也深受钓鱼爱好者的欢迎。鳎也是比目鱼的一类。

■ 延伸阅读：鱼；鳎。

比目鱼是一类两只眼睛位于头部同一侧的鱼类。通过隐藏在海底，它们既躲避了敌人，又能不被自己的猎物看到。

彼得森

Peterson, Roger Tory

罗杰·托里·彼得森（1908—1996）是一位美国作家、艺术家、博物学家。

彼得森对鸟类进行绘画创作。他出版了《彼得森系列野外手册》等书籍，这些书帮助人们识别他们在自然界看到的鸟类和其他动物，同时也呼吁人们保护野生动物。

彼得森1908年8月28日出生于美国纽约州詹姆斯敦。他最初的画收录在《鸟类野外指南》（1934年）一书中。此后他出版了许多书。这些书的内容以欧洲和墨西哥的鸟类为主，其中也描述了其他动物、植物和岩石。1986年，彼得森在詹姆斯敦建立了罗杰·托里·彼得森自然历史研究所。他于1996年7月28日去世。

延伸阅读： 鸟；博物学家；鸟类学。

位于美国纽约州的罗杰·托里·彼得森自然历史研究所

壁虎

Gecko

壁虎是一类分布于世界各地温暖区域的小型蜥蜴。壁虎的身体又矮又胖，上面布满了凹凸不平的鳞片。包括尾巴在内，大多数壁虎的体长约为10~15厘米。大多数壁虎会发出叽叽喳喳、吱吱嘎嘎或吠叫般的叫声。壁虎会在夜间捕食昆虫。壁虎是优秀的攀爬者。大多数壁虎的脚趾末端具有数千根细小的腺毛，这些腺毛能够黏附在大多数物体表面上。有些壁虎能在树枝上倒立行走。

当捕食者抓住壁虎的尾巴时，它们会切断尾巴，趁机逃跑。很快，壁虎会长出一条新的尾巴，这个过程叫作再生。

延伸阅读： 蜥蜴；再生；爬行动物。

壁虎具有黏附力很强的脚，使它们能够贴在物体下方倒立行走。

避日蛛

Camel spider

避日蛛是一类与蜘蛛相似的具有八条腿的物种。避日蛛属于蛛形纲，但它们不是真正的蜘蛛。俗称的蜘蛛在分类上属于蛛形纲的蜘蛛目，避日蛛属于蛛形纲的避日目。蛛形纲还包括蝎子等。世界上现存1000多种避日蛛，它们也被称为风蝎或风蛛。

避日蛛主要生活在温暖干燥的地区。它们的体型差异很大，最大种类体长可达13厘米。大多数避日蛛的腿很长，跑得很快。它们都是凶猛的捕食者，通常以甲虫和蝗虫等昆虫为食。

曾有许多关于避日蛛的错误传说。例如，有人说避日蛛能跑得和马一样快，但其实避日蛛并不能跑那么快。有些人认为避日蛛能撕开骆驼的肚子，但其实避日蛛并没有足够的力量使骆驼受到严重伤害。

延伸阅读：蛛形动物；蝎子；蜘蛛。

避日蛛有八条长腿，跑得很快。

边境牧羊犬

Border collie

边境牧羊犬是犬的一个品种，通常被用来放羊。之所以有这样的名字，是因为它们18世纪起源于英格兰和苏格兰的边境附近。这个犬种的体重为14~23千克，体长能达到45~56厘米。它们厚厚的毛皮通常为黑色，面部、颈部、腿部和尾部有白色的斑纹。边境牧羊犬是一个智力高、运动能力强的犬种，也是忠诚而充满爱心的宠物。它们需要很多身体和注意力方面的训练。

延伸阅读：狗；哺乳动物；绵羊；宠物。

边境牧羊犬被认为是最聪明的犬种之一，它们能够放牧羊群。

蝙蝠

Bat

　　蝙蝠是唯一能够飞行的哺乳动物。与其他哺乳动物一样，蝙蝠也浑身被毛，以乳汁喂养后代。蝙蝠具有薄膜状的翅膀。有些蝙蝠的体型与鸽子一样大，有些则像蜜蜂一样小。大多数蝙蝠在洞穴和树上生活。它们以倒挂的姿态休息。

　　大多数蝙蝠只在夜间飞行。它们通常捕食昆虫。有些蝙蝠则会吃水果和其他植物性食物。吸血蝙蝠吸食其他动物的血液，例如牛的血液。少数几种蝙蝠会以蛙类和鼠类这样的小型动物为食。

　　蝙蝠分布在地球南北极以外的大部分陆地地区，大多数分布在气候炎热的热带地区。

　　世界上的蝙蝠有几百种。最大的蝙蝠是狐蝠类，它们的翼展可以达到约2米。狐蝠也有许多种。它们分布在热带，尤其是南太平洋地区。最小的蝙蝠只有蜜蜂般大小的体型，分布于东南亚。

　　许多蝙蝠可以通过回声定位来感知周围的环境。蝙蝠发出高频的声音，并倾听回声，从而能够探测周围的物体。回声定位帮助蝙蝠在夜间活动。一些人认为蝙蝠是瞎的，但这种说法并不正确。

　　蝙蝠是大自然的重要组成部分。因为它们能大量捕食昆虫，从而有效控制昆虫种群。吃水果的蝙蝠能够播撒种子，其他蝙蝠也会通过传播花粉来帮助植物生长。人类已经毁灭了许多蝙蝠生存的区域。有些蝙蝠有完全灭绝的危险。在北美洲，数以百万计的蝙蝠死于一种叫白鼻综合征的疾病。

　　延伸阅读： 狐蝠；哺乳动物；吸血蝙蝠；翅膀。

蝙蝠是唯一会飞行的哺乳动物。与其他哺乳动物一样，蝙蝠也浑身被毛，以乳汁喂养后代。它们的翅膀由骨骼支撑的薄膜状的皮肤构成。

活 动

蝙蝠是怎样绕道而行的？

1. 用一片35厘米宽的金属箔片做托盘。在箔片的边缘向上折叠两次，形成托盘的侧面。

2. 用橡皮泥做成约12.5厘米长、边缘平整的挡板。把挡板放在托盘里距离你的远边大约10厘米的位置。

3. 将托盘放置在平整的表面上，并在远端用灯光进行照射。确保光源朝下。再将托盘装满水至约5毫米深。

! 注意：别被灯泡烫伤自己。不要把水溅在灯上！

把托盘的侧面向外推，直到其倾斜，水几乎开始溢出。

4. 在托盘的近端，用指尖接触水的表面。随后抬起你的手指，看着波纹向四面八方散开。

5. 你看到波纹从挡板向你的方向返回了吗？水中的这些小波浪，就像从附近物体返回的回声，告诉蝙蝠那个物体所在的位置。

你需要准备：

- 铝箔
- 橡皮泥
- 水
- 灯

接着再想想：

从昆虫身上返回的回声能够告诉蝙蝠，昆虫是如何移动的，以及它距离蝙蝠有多远。

鞭毛

Flagellum

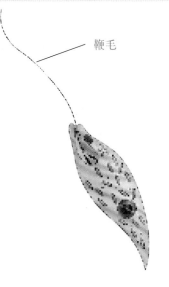

鞭毛

鞭毛是一些活细胞用于使自己移动的鞭状部分。许多原生生物都具有鞭毛。带有鞭毛的原生动物称为鞭毛虫。鞭毛虫可以有一个或多个鞭毛,它能够快速地摆动鞭毛穿过液体环境。

在动物体内,雄性生殖细胞利用鞭毛移动,这些生殖细胞称为精子。精子必须通过游动接近雌性的生殖细胞——卵细胞。

延伸阅读: 细胞;微生物;原生生物;原生动物。

鞭蛇

Whip snake

鞭蛇是对一类蛇的统称,它们通常体型细长,有点像皮鞭。

木通鞭蛇和小鞭蛇是两种分布于澳大利亚的鞭蛇。木通鞭蛇分布于昆士兰州的一些地区。小鞭蛇则分布于维多利亚州、南澳大利亚州和新南威尔士州的部分地区。这两种鞭蛇的身体背面都呈棕色,腹部则呈乳白色。这类蛇具有轻微的毒性。它们在晚上进食,主要捕食小蜥蜴和昆虫。

延伸阅读: 爬行动物;蛇。

鞭蛇的大小和颜色都像皮鞭。

扁形动物

Flatworm

扁形动物是一类蠕虫的统称。大多数扁形动物具有扁平的身体，尤其是那些大型种类。世界上现存的扁形动物有数万种。

扁形动物

许多扁形动物生活在泥土中或水中，还有一些属于寄生虫。寄生虫生活在另一种生物体内或体表，那些被寄生的生物叫作寄主。寄生虫会从寄主那里获取少量的食物以及其他物质，这种活动会使寄主受到伤害，但通常不会杀死寄主。

大多数扁形动物的体长小于2.5厘米。体型最大的扁形动物叫作绦虫，绦虫可以长达30米。许多绦虫是生活在人体内的寄生虫，它们通常从人的肠道内获取食物。

扁形动物通常具有光滑柔软的身体。其中的一些种类身上有吸盘，能够帮助它们吸附在物体表面。一些扁形动物的身体上有细小的刺，这些刺能够帮助它们固定在合适的位置上。

延伸阅读：吸虫；寄生虫；绦虫；蠕虫。

变色龙

Chameleon

变色龙是一类以具有改变自身体色的能力而著称的蜥蜴。一只体色为绿色或黄色的变色龙可能在一分钟内就变为棕色或黑色，它们的皮肤上还会出现斑点和斑块。变色龙会根据光或温度的变化而改变自身的体色。当受到威胁时，它们也会改变体色。变色龙的体色变化有助于它们融入周围的环境。在蜥蜴中，还有许多其他种类也能够改变体色。

变色龙具有改变自身体色的能力，这使得它们能够隐藏在周围的环境中。

变色龙的眼睛从头部突出，每只眼睛都可以环顾四周，因此变色龙可以同时向前看和向后看。变色龙用又长又黏的舌头敲击并捕食昆虫。变色龙的移动速度缓慢，在移动时，它们会用脚和尾巴抓住树枝。

世界上现存的变色龙有很多种，大多数生活在非洲。最大的变色龙体长能达到63厘米。

延伸阅读：保护色；蜥蜴；爬行动物。

变态发育

Metamorphosis

　　变态发育是发生在一些动物生命周期中的一种身体发生巨大变化的过程。许多动物不会经历变态发育。例如，成年的猫和狗看起来就和刚出生的猫和狗很像，只是体型大一些而已。但是还有不少动物会在成年前经历身体的巨大改变，这个改变的过程就是变态发育。

　　许多昆虫会经历变态发育。例如，蝴蝶的生命始于毛虫。处在这种幼虫状态时，它们会把很多时间花在进食上。它们的生长速度很快。当毛虫达到了最后的完全尺寸时，便会形成一个坚硬的外壳，并且身体也变得不活跃。在这种壳内，幼虫便会经历变态发育。当发育完成后，壳就会裂开，蝴蝶的成虫便会出现。原本的幼虫就这样变为了带有翅膀和六条腿的成虫。

　　诸如蛙类这样的两栖动物，也会经历变态发育。几乎所有的蛙类都在水中产卵。从这些卵中孵化出来的幼体称为蝌蚪。蝌蚪在很多方面都与鱼类很相像。例如，它们具有能够在水下呼吸的腮，有长长的尾巴，却没有腿。当蝌蚪不断长大时，它们就会经历变态发育而变为蛙类成体。与昆虫不同的是，蛙类在这个过程中，身体不会变得不活跃。它们会逐渐长出腿。而且，它们的尾巴会逐渐被吸收，并长出肺来呼吸陆地上的空气。变态发育完成后，蛙类成体便会跃出水面，从此开始在陆地上生活。

　　延伸阅读： 两栖动物；毛虫；茧；卵；昆虫；幼体；生活史；蛹；蝌蚪。

蝴蝶的变态发育过程包括四个阶段：（1）卵，（2）毛虫，（3）蛹，（4）成虫。

蝴蝶的卵通常呈绿色或黄色。有些种类的蝴蝶，卵在产下后几天内便会孵化，而有些种类蝴蝶的卵则需要几个月才会孵化。

蝴蝶的幼虫阶段会持续两周或更久。在这段时间里，幼虫会通过取食叶片而快速成长。达到最终的完全尺寸后，它们便准备变成一个蛹。

悬挂在树枝上的蛹，开始形成坚硬的外壳。在壳内，幼虫的身体结构会转变为蝴蝶成虫的身体结构。

一只崭新的黑脉金斑蝶从蛹中爬出。在脱离蛹壳大约一个小时后，它就可以飞了。

蝌蚪

蛙类成体

当蝌蚪从水下的卵中孵化出来时，蛙类的变态发育就开始了，这时的蝌蚪会附着在植物上，直到能够自由游泳。当蝌蚪逐渐成熟时，它们会长出四肢，失去尾巴。蛙类一旦发育完全，就可以在陆地上生活了。

实 验

观察变态发育

收集一些毛虫，观察它们成长过程中的惊人变化。

像蝴蝶这样的昆虫，从卵到成虫会经历好几个阶段。毛虫是蝴蝶和蛾的幼虫，这些幼虫会转变为蛹。昆虫成体的身体会在蛹内形成，之后完全成长为成虫。这个惊人的变化过程称为变态发育。

你需要准备：

- 一些盆栽堆肥
- 一个大的透明罐子
- 一把苔藓
- 一些树枝
- 几只毛虫（夏末或初秋是到户外寻找毛虫的好时候）
- 一个托盘
- 新鲜的绿叶
- 一张结实的纸
- 线绳
- 钢笔或铅笔

1. 把盆栽堆肥与苔藓以及小树枝一起放在罐子底部。确保这个罐子足够大，使昆虫的成虫能够在其内展开翅膀。

2. 在植物上找到毛虫——夏末秋初是寻找毛虫的好时机。采集两三只毛虫，并从发现它们的植物上收集一些叶子，这些毛虫在刚被抓时也许不会进食。

3. 把毛虫放进罐子，用纸和绳子把罐子盖起来。

4. 用钢笔或铅笔尖在纸盖上戳几个洞。

5. 每天给毛虫提供新鲜、合适的食物。持续记录下所看到的情形。当蛹变成蝴蝶或蛾子时，记得将它们释放。

变温动物

Cold-blooded animal

变温动物（冷血动物）是一类体温随环境温度的变化而变化的动物。变温动物在环境温度低的时候会身体变冷，行动变慢，当环境温度高的时候，它们身体会变得温暖，行动也会变得迅速。

两栖动物、鱼类和爬行动物都属于变温动物。鸟类和哺乳动物是恒温动物（温血动物）。恒温动物的体温通常是恒定的，它们的体温不会随着环境的变化而变化。

变温动物会通过一些行为影响体温。例如，在凉爽的早晨，变温动物可能会通过晒太阳来升高体温。而在高温出现时，这只动物会寻找阴凉处来降低体温。

延伸阅读：两栖动物；动物；鱼；爬行动物；恒温动物。

海鬣蜥在岩石上晒太阳来维持体温，它们属于变温动物。

变形虫

Ameba

变形虫是一类体型微小的单细胞生物。它们大多栖息于土壤和水中，也有一些栖息于其他的生物体内。

变形虫是一类微小的生物。大多数变形虫生活在水和土壤中，其余的则生活在生物体内。

变形虫的身体仅有一个细胞，主要由液体构成。它们的身体上覆盖着一层又薄又有弹性的皮肤。变形虫通过分裂产生后代。

变形虫通过向一个方向伸展身体进行移动，身体的其余部分则跟随着前一部分进行移动。

变形虫会取食其他微小的生物，也会吃其他生物的残骸。取食时，它们会先用身体包裹住食物，然后通过外壁吸收食物。

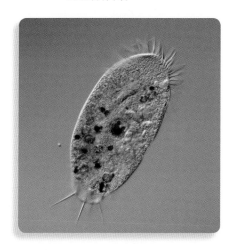

大多数变形虫对人类无害，但有些能够导致疾病。

延伸阅读：细胞；草履虫；原生动物。

镖鲈

Darter

镖鲈是一类分布于北美洲的小型淡水鱼类。镖鲈之所以有这样的名字，是因为它们会像"飞镖"一般从一个停歇场所飞掠到另一个停歇场所。现存的镖鲈有100多种。

大多数镖鲈栖息于清澈、流速快的水域，还有一些栖息于湖泊或河流中。镖鲈主要以水生昆虫和小鱼为食。有些镖鲈的体长不到5厘米，还有一些则可以长到20厘米。

每到繁殖期，雄镖鲈的身体就会变得异常鲜艳，以吸引雌性。雌鱼在每年春季或初夏产卵。由于人们破坏了镖鲈栖息的场所，许多种类的镖鲈都有灭绝的危险。

延伸阅读：鱼；淡水鲈鱼。

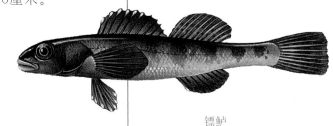

镖鲈

濒危物种

Endangered species

野生的山地大猩猩种群数量目前已不到1000只。

濒危物种指的是那些濒临灭绝并且会永远消失的物种。目前世界上有数千种动物都濒临灭绝。

这些濒临灭绝的动物包括蓝鲸、大熊猫、猩猩、犀牛、海龟、雪豹、美洲鹤以及老虎。如果一个物种在不能得到特别保护的条件下，有可能在未来20年内灭绝，科学家就会把它称为濒危物种。一个物种的消失就叫作灭绝。

鸮鹦鹉是一种濒临灭绝的新西兰鹦鹉。

大西洋的丽龟与大多数海龟一样濒临灭绝。如今有超过40种海龟和陆龟被列为濒危物种。

灭绝是自然的正常组成部分。气候的变化或物种间的相互竞争都有可能导致某种动物灭绝。不过，相对于地球上的物种总数而言，灭绝通常是罕见的，大多数物种并没有灭绝。但如今濒危物种的种类很多，还有更多的物种也正在走向灭绝。这种濒危物种和灭绝物种增加的现象是由人类一手造成的。

对于动物而言，最主要的威胁分别有如下几种。

栖息地的破坏是野生动物面临的最严重的问题。栖息地是动物生存的地方，大多数动物只能生活在特定的栖息地中。如果栖息地被破坏，这些动物就无法生存。

人类会以许多方式破坏动物的栖息地。他们砍伐森林建造房屋或者为农田腾出空间。他们在草原上放牧牲畜，而牲畜取食了太多的草，使得这些草没有机会再重新长回来。湿地、沼泽正在被抽干或被填满，以便人们可以在上面建造新的建筑。

热带雨林中的动植物种类比地球上其他任何地区都多，但雨林被破坏的速度也比其他任何野生动物栖息地都要快。雨林被破坏的速度甚至比科学家发现新物种的速度还要快。因此，许多物种很可能在被评估种群数量和被命名之前就已经消失了。

动物们同时也遭受着过度捕猎和偷猎的威胁。偷猎就是非法狩猎。例如，犀牛和老虎之所以濒临灭绝，很大程度上就是因为偷猎。偷猎者杀死这些动物，是因为有些人相信它们的身体部位可以治疗疾病。这些动物的身体部位实际上没有什么医疗价值，但它们却可以被高价售出。

外来物种也会对本土动物，尤其是对岛屿上的动物产生威胁。例如，人们不小心把棕树蛇带到了关岛。这种蛇原产于澳大利亚和巴布亚新几内亚，它们以包括鸟类和蜥蜴在内的小型动物为食。关岛本地的动物并没有对付棕树蛇的经验，这种蛇很快就遍布全岛，毁灭了当地的蝙蝠、鸟类和其他动物的种群，岛上的大多数本土鸟类都灭绝了。

保护濒危物种有很多理由。许多人认为所有的生物都具有生存的权利，同时，每个物种都是大自然美丽和奇迹的一部分，保存这样的美丰富了人类的生活。

不过动物在其他方面更有价值。每种动物在自然生态平衡中都发挥着自己的作用。自然生态平衡描绘了生物通过相互依存而生存的方式。当一个物种消失时，它便会影响到栖息在该区域的其他动植物。例如，许多植物依靠鸟类等动物来帮助它们传播种子，如果鸟类灭绝了，植物的生存也可能变得艰难。

近年来，人类采取了许多措施来帮助保护濒危物种，但是这些努力可能还不足以拯救许多濒危野生动物。

许多国家已经颁布了保护濒危物种的法律。在美国，《濒危物种法》保护着濒临灭绝的野生动物，使其免遭任何伤害或破坏其栖息地的行为。同时，许多野生物种受到《濒危野生动植物物种国际贸易公约》的保护。这个协议禁止人们买卖濒危物种或它们的身体部位。

还有些法律保护动物不被捕猎。例如，猎杀犀牛和老虎等濒危动物都是违法的。

动物园也保护着那些野外种群受到威胁的野生动物。这些动物有时可以被重新放归野外，从而使这个物种存在下去。例如，加州神鹫曾经几乎灭绝，但是科学家捕获了剩下的个体，并把它们的雏鸟养大，长大的成鸟再被放归野外。正是采用了这样的方法，加州神鹫的野生数量才开始回升。

延伸阅读： 亚当森；自然平衡；生物多样性；卡森；自然保护；灭绝；弗西；生境；偷猎；雨林；动物园。

斐济冠鬣蜥是一种极度濒危的鬣蜥物种，仅分布于斐济群岛的一些岛屿上。

东北虎属于极度濒危的物种。人们为了老虎的身体部分和毛皮猎杀老虎，大大减少了老虎的种群数量。

由于太多人采集诺威顿仙人掌，破坏它的栖息地，这种分布于新墨西哥州和科罗拉多州的植物濒临灭绝。如今，一些仙人掌的分布地已受到法律保护。

病毒

Virus

病毒是一类微小的生物，它们攻击植物、动物和细菌的细胞。细胞是生命的基本单位。病毒生活在细胞内，在那里它们可以进行自我复制。病毒十分微小，只有使用高倍显微镜才能看到它们。

一些病毒可以使人和其他动物生病。病毒会引起人的普通感冒、流感和麻疹，狂犬病病毒可能导致人、狗和许多其他哺乳动物的死亡，还有一些病毒则会造成植物的疾病。

病毒可以通过皮肤上的伤口进入动物体内。人和其他动物可能通过呼吸吸入一些病毒，在饮食过程中也可能吞入一些含有病毒的食物。

延伸阅读： 细胞；病菌；微生物学；微生物。

烟草病毒

脊髓灰质炎病毒

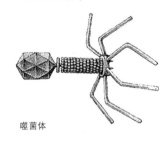

噬菌体

在显微镜下，我们可以分辨出一些病毒的形状。烟草病毒呈棒状，而脊髓灰质炎病毒则有些呈圆形，以噬菌体为代表的病毒看起来具有尾部。噬菌体能够感染细菌。

病菌

Germ

病菌是引起疾病的微小生物体。由病菌引起的疾病叫作感染。当病菌进入人体并繁殖时，感染就发生了。有些病菌能破坏人体内的细胞，另一些病菌则会产生对人体有害的毒素。

世界上有许多不同种类的病菌。病菌中的细菌和病毒导致了大多数疾病的发生。

细菌是由一个细胞组成的十分微小的有机体。细菌可以通过鼻子、嘴巴、皮肤上的伤口或食物进入人体。之后它们会繁殖，数量大量增加。有些细菌会引起很严重的疾病，例如肺结核。有些细菌引起的问题并没有那么严重，例如丘疹。

在显微镜下，葡萄球菌是一类看起来像葡萄的圆形细菌。这类细菌中的许多种类是无害的，但也有一些能够引起疾病。

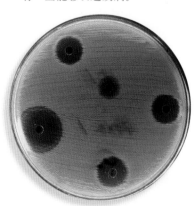

病毒甚至比细菌还小。与细菌不同，病毒并不是完全处于存活的状态。它们不能自己繁殖。当病毒进入人体时，它们会入侵细胞，利用细胞复制更多的病毒。包括感冒、流感和麻疹在内的许多疾病是由病毒引起的。

除了细菌和病毒之外，其他类型的病菌也能引起疾病。例如，一些皮肤感染是由一类称为真菌的微生物引起的。

病菌以许多不同方式进行传播。咳嗽和打喷嚏会把病菌释放到空气中，然后传染给其他人。脏手则会帮助病菌从一个人传染给另一个人。诸如蚊子和跳蚤这样的昆虫，在叮咬东西时也会传播病菌。病菌还可以存在于不干净的饮用水或未完全煮熟的食物中。

延伸阅读： 细菌；细胞；病毒。

正确洗手可以去除皮肤上的大部分病菌。许多传染病可能就是由受到污染的手传播的。

波士顿小猎犬

Boston terrier

波士顿小猎犬是一个小型犬种。它具有光滑的深色毛皮、白色的胸部和颈部以及白色的脚，还有一个方形的头和一个短鼻子。这种犬的体重为5.4~11千克。波士顿小猎犬很喜欢人类，是一类很受欢迎的宠物。这个犬种1870年起源于美国波士顿。

延伸阅读： 狗；哺乳动物；宠物；苏格兰梗犬。

波士顿小猎犬富有感情，且需要的笼舍不大，是一类很受欢迎的家养宠物。

博物学家

Naturalist

博物学家是一类研究自然的学者。博物学家会去乡间远足，观察鸟类或野花。在城市里，他们会去动物园、博物馆或植物园。奥杜邦协会、美国童子军和女童子军协会等一些组织会有自己的自然学习项目。

许多博物学家都会记笔记。在笔记里，他们会写下自己在自然界中看到的东西。博物学家也会对动物或植物进行绘画或拍照。一些博物学家会收集生物，但博物学家会小心不去收集稀有或濒危的生物。收集这种生物会造成危害，并且这种行为在很多地区都是违法的。博物学家也会收集诸如岩石、贝壳或树叶之类的东西。

许多博物学家都对科学研究有着重要的贡献。林奈（Carolus Linnaeus）鉴定了众多植物，并研究了它们的生长过程。他创立了现代科学分类体系。达尔文则在世界各地许多不同地方研究了植物和动物。他创立并发展了进化论。进化论指出了生物在一代一代之间如何发生变化。

延伸阅读：奥杜邦；生物学；科学分类法；达尔文；动物学。

许多博物学家都会有详细的笔记，他们会对自己在自然中观察到的东西进行绘画或拍照。

活 动

博物学家的笔记

❗ 在海滨生境要注意安全！在户外探险时，一定要有成人陪同。

一个对观察和学习生物感兴趣并精通这方面知识的人称为博物学家。所有优秀的博物学家都会对自己发现的生物进行记录。在笔记本上记下的文字和图片会提醒你发现了什么，以及何时何地发现的。我们可以通过以下的活动来了解博物学家是如何工作的。

1. 当你发现一种动物时，记下所发现的时间和日期，对动物的栖息地和天气进行描述。接下来，尽可能多地记下你看到的生物的信息。这些生物分别叫什么？有多少？它们如何移动？它们在做什么？它们在吃什么？

2. 如果你发现了一种你不知道名字的生物，你可以把它画在笔记本上，然后在参考书中查找它的名字。你的笔记本之后也将成为你自己的参考书。确保你记录了这个生物的形状和颜色。你可以通过画一条比例尺，来表明你所画的生物的大小。

3. 如果你有照相机，你可以拍下这些生物在自己栖息地里的照片，然后放在笔记本里。

你需要准备：

- 一支铅笔
- 一本笔记本

哺乳动物

Mammal

犰狳是一类分布于美洲的哺乳动物，它们身体背面的皮肤上有骨板覆盖，这能够保护它们不受伤害。

鼯猴是一类栖息于东南亚的哺乳动物。它们会通过伸展连接颈部、腿部和尾巴的皮肤褶皱，从一棵树滑翔到另一棵树。

凹脸蝠是最小的哺乳动物，它和大黄蜂差不多大。

哺乳动物是一类用母乳喂养幼崽的动物。世界上现存的哺乳动物有数千种。它们是脊椎动物的主要类群之一。许多哺乳动物是人们所熟知的，其中包括蝙蝠、狗、大象、大猩猩、马、狮子、鲸鱼和人类。

哺乳动物几乎无处不在。像猴子和大象这样的哺乳动物主要分布于热带地区。北极兔和北极熊则栖息于寒冷地区。骆驼和更格卢鼠栖息于沙漠中。诸如海豹和鲸类这样的哺乳动物，则在海洋中畅游。蝙蝠是唯一能真正飞行的哺乳动物。

哺乳动物的体型大小差别很大。蓝鲸是有史以来最大的动物，体长可达30米，体重可达135吨。最小的哺乳动物则是生活在亚洲的凹脸蝠。这种蝙蝠的体型和大黄蜂差不多大，体重约2克。

有些哺乳动物的寿命很长。大象能活60年，有些人能活到100岁，而某些鲸类能活200多年。

哺乳动物在许多方面与其他动物不同。例如，只有哺乳动物才会用乳汁喂养幼崽。哺乳动物是唯一真正具有毛发的动物。哺乳动物属于恒温动物，这意味着它们的体温通常保持不变。其他许多动物的体温会随着它们生存环境的变化而变化。哺乳动物通常具有比其他大多数动物更大且更复杂的大脑。

许多人类活动都会用到哺乳动物。人类会食用牛、鹿、兔子和猪等哺乳动物，会用海狸、水貂和其他哺乳动物的毛皮制作衣服，还会用马、骆驼、骡子等动物来干活。

猫、狗和仓鼠这样的哺乳动物是很受欢迎的宠物。还有一些哺乳动物能被用于科学研究。例如，一些新药会在老鼠身上实验。

野生哺乳动物也是一种旅游娱乐资源。许多人会前往国家公园观赏熊、鹿和驼鹿。还有一些人会去动物园观赏来自世界各地有趣的哺乳动物。即使在大城市，人们也会遇到像松鼠这样的野生动物。

哺乳动物是自然界的重要组成部分。许多哺乳动物能够帮助植物生长。吃植物的哺乳动物会把植物种子遗留在排泄

物中。这些种子会长成
新的植物。同时，许多
被松鼠埋藏起来充当食物的坚果
会长成大树。而土拨鼠和鼹鼠则会挖
土，与水、空气等混合后松散的土壤有助于
植物生长。

　　肉食性哺乳动物会捕食植食性哺乳动物，这有助于保持
大自然的平衡。例如，如果狼不捕食鹿，鹿的数量会变得太
多并损害植物。像蝙蝠这样的哺乳动物能控制昆虫的数量。
诸如鬣狗这样的哺乳动物，常常会以动物的遗骸为食。

　　哺乳动物主要由三大类组成。大多数哺乳动物都属于有
胎盘类哺乳动物。这类哺乳动物的妊娠期相对较长。许多有

蓝鲸是体型最大的哺乳动物。它能
长到30米长。

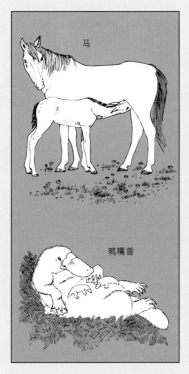

哺乳动物会哺育自己的幼崽。如
上图所示，一匹小马驹，就像大多
数哺乳动物一样，会吮吸母亲的
乳头获取乳汁。而下图所示的鸭
嘴兽幼崽，则会在母亲的下腹部
吮吸乳汁。

哺乳动物都有相似的骨骼。在哺
乳动物中，下颌两侧分别只有一块
骨头。几乎所有哺乳动物的颈部
都具有7块骨头。

所有哺乳动物都在它们生命中
的某个阶段具有毛发。如上图所
示，羊驼的毛发用于保暖。如下图
所示，豪猪的刺，则是一种特殊的
毛发，用于自卫。

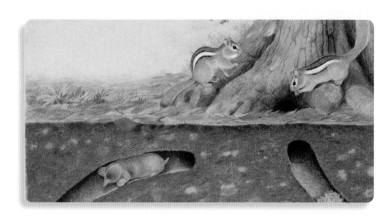

许多哺乳动物帮助植物生长。松鼠当作食物埋起来的一些坚果会长成树。土拨鼠和鼹鼠在挖土的过程中，挖出的泥土会与空气、水和腐烂的叶子混合在一起，有助于植物生长。

胎盘类哺乳动物在出生后不久，就能自己活动。还有一些哺乳动物则属于有袋类动物。有袋类动物的怀孕时间很短，它们所生下的幼崽又小又无助。这些幼崽会继续在母亲的育儿袋中成长。大多数有袋类动物分布于澳大利亚和邻近的岛屿上，包括袋鼠和负鼠。第三类哺乳动物则为单孔类动物。单孔类动物是唯一产卵的哺乳动物，最广为人知的单孔类动物是鸭嘴兽。现存的单孔类动物只有几种。

延伸阅读： 食肉动物；食草动物；杂食动物；恒温动物。

蚕蛾

Silkworm moth

蚕蛾是一类能够吐丝的昆虫。丝是一种结实、轻薄的纤维，能够用来织布。丝来自蚕茧。

蚕蛾的幼虫叫蚕，以桑叶为食，能长到约8厘米长，近2.5厘米宽。蚕的身体由头部和13个体节组成。完全长大后，它们会吐丝结茧。蚕茧由丝构成。蚕会花费大约3天的时间完成结茧的工作。

大约3个月后，一只蚕蛾会破茧而出。这种大白蛾的翅膀上具有黑色条纹，翼梢之间的长度超过5厘米。蚕蛾的身体又短又厚。它们的腿很结实。不过，农民会在蚕蛾破茧而出之前把它们杀死，这样就能防止蚕茧的破损。

丝来自蚕蛾幼虫所织的茧。

仓鼠

Hamster

仓鼠是一类毛茸茸的小型啮齿动物，它们是很受欢迎的宠物，原产于亚洲。

世界上现存的仓鼠有十余种，其中最著名的种类是金仓鼠和普通仓鼠。金仓鼠背部有红棕色的毛，腹部是白色的毛，它们的体长约为18厘米。普通仓鼠背部有浅棕色的毛，腹部是黑色的毛，它们的体长约为28厘米。

金仓鼠和普通仓鼠都单独生活。它们在地上挖洞筑巢，大多在晚上活动。仓鼠以水果、种子、绿叶和一些小型动物为食，它们会把食物装在自己大大的颊囊里。

金仓鼠全身呈现浅红褐色，它们的腹部为白色。许多人饲养仓鼠作为宠物。

延伸阅读：哺乳动物；宠物；啮齿动物。

家蝇有两只由成千上万个小眼组成的
巨大复眼。

苍蝇

Fly

苍蝇是一类飞行迅速的小型昆虫，世界上任何区域几乎都有它们的身影。苍蝇只有两个翅膀。

世界上现存的苍蝇种类有数万种，普通苍蝇（家蝇）是其中最著名的种类之一。一些苍蝇的体型很小，人眼几乎看不到它们。体型最大的苍蝇翼展宽度能达到7.6厘米，它们分布于南美洲。

苍蝇有两只巨大的复眼，复眼覆盖了它们头部的大部分空间。复眼由成千上万的小眼组成，每一个小眼都能捕捉到图像的一部分，这些碎片化的图像会在苍蝇的大脑中被组合成完整的图像。

苍蝇有两个用来嗅闻气味的触角。腐肉和垃圾的气味会吸引苍蝇，苍蝇用一种叫作喙的管状结构把食物吸进嘴里。

苍蝇在空中会发出嗡嗡声。这些嗡嗡声是苍蝇拍打翅膀的声音，苍蝇的翅膀一秒钟能扇动大约200次，有些苍蝇一秒钟扇动翅膀的次数高达1000次。

有些种类的苍蝇会携带致病的细菌。科学家研发了许多控制苍蝇数量的方法，比如在雌蝇产卵的地方喷洒毒药。把垃圾放入密封的容器有助于控制苍蝇数量。

延伸阅读： 触角；复眼；斑虻；果蝇；蓝光萤火虫；马蝇；昆虫；蚊子；有害生物；沙蝇。

一些苍蝇种类

反吐丽蝇   舌蝇

仙女蝇   黑马蝇

家蝇会在粪便或食物残渣中产卵，每个卵都会孵化成被称为蛆的蠕动的幼虫。蛆会不断取食和成长，然后变成蛹。苍蝇的成虫在蛹内形成。

卵   蛆   蛹   成虫

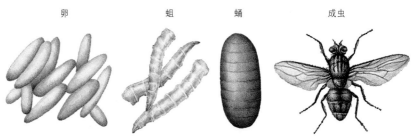

草履虫

Paramecium

草履虫是体型微小的单细胞生物，只有借助显微镜才可见。草履虫栖息于池塘和水流缓慢的溪流中。

草履虫并不是动物。科学家把它们归类为原生生物。不过，草履虫需要像动物一样进食。它们不会像植物那样自己生产食物。

草履虫有时也会被称为变形虫，但变形虫其实是另一类单细胞生物。草履虫具有比变形虫更多的特殊结构。

草履虫的外部具有一层硬壳，这赋予草履虫一个确定的形状。变形虫则能够改变自己的形状。草履虫的身体形状就像鞋子的底部。

草履虫身上覆盖着一层称为纤毛的细小的毛发状结构。它们通过摆动纤毛来游泳。变形虫则通过改变身体的形状来游泳。

延伸阅读：变形虫；细胞；纤毛；微生物；原生动物。

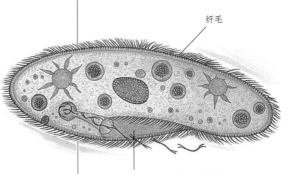

纤毛

口腔沟（食物进入的地方）

在显微镜下观察时，我们可以看到草履虫是一种单细胞生物，看起来像鞋底。

一只草原犬鼠站在自己的洞穴入口处。

草原犬鼠

Prairie dog

草原犬鼠是一类生活于北美洲西部的洞穴挖掘类啮齿动物。它们的名字一部分来源于其生活的草原，一部分来源于其发出的像狗叫似的警告声。

草原犬鼠具有短短的腿、锋利的爪子和小小的眼睛。它们厚厚的毛皮呈浅棕色。

包括尾巴在内，草原犬鼠成年个体的体长为23~38厘米。体重则为0.5~1.4千克。

草原犬鼠生活在洞穴里，白天会从洞穴里出来觅食。它们主要以植物为食，尤其是草。许多动物会捕食草原犬鼠，如獾、郊狼和雕。

延伸阅读：哺乳动物；啮齿动物。

叉角羚

Pronghorn

叉角羚是一种分布于北美洲的类似羚羊的动物。和羚羊一样，叉角羚也具有蹄和角。但叉角羚与羚羊之间并不存在很紧密的亲缘关系。叉角羚是美洲奔跑速度最快的哺乳动物，速度可达96千米/时。

叉角羚肩高为80~100厘米，体重则为36~45千克。它们具有大大的耳朵、纤细的腿和短尾巴。

叉角羚栖息在从加拿大到美国西部直至墨西哥的草原上。它们通常以小群体的形式生活，但在严冬，它们也可能会组成多达1000只的大群体。

叉角羚主要以草本植物的叶子和低矮的灌木为食。郊狼、狼和雕类会捕食叉角羚。

延伸阅读：羚羊；洞角；哺乳动物。

一只雄性叉角羚具有树枝状的角，上面具有坚硬的黑色覆盖物。这些角能够长到25~45厘米。雌性的角的长度约是雄性的一半。

柴犬

Shiba inu

柴犬是一个原产于日本的犬种。过去，人们利用柴犬狩猎小动物。柴犬因其忠心而闻名。它们警觉性高，可看家护院。柴犬体型较小，身体强健，动作敏捷。雄性柴犬站立时肩高为36~40厘米。柴犬的毛发较短，比较贴合身体，颜色多样，有些柴犬具有混合色的毛发。

延伸阅读：狗；哺乳动物。

蝉

Cicada

蝉是一类以其成年雄虫的大声鸣叫而著称的昆虫。雄蝉会制造嗡嗡声来吸引配偶，它们通过快速振动身体的鼓状部分来发出声音。在一些地区，雄蝉在夏季还会在空中鸣叫。

蝉的体长为2.5~5厘米。这类昆虫体色常为暗褐色，具有四个薄薄的翅膀。蝉会把这些翅膀折叠覆盖在自己身上。它们的头部很大，触角很短。

幼蝉从卵中孵化。它们会钻进土壤中取食植物的根。在完全长大之前，它们会在地下生活4~17年。随后从地下钻出，并爬上一棵树。蝉会从具有保护作用的表皮中破壳而出，变为成年个体，人们常常会发现粘在树上的蝉的空壳。

蝉分布于气候温暖的地区。三伏蝉和周期性蝉是两种生活在北美洲的蝉。三伏蝉需要4~7年的时间才能长为成虫，而周期性蝉则需要13~17年才能长为成虫。

延伸阅读： 半翅目昆虫；昆虫；变态发育。

在完成地下生活的4~17年后，蝉会经过蜕壳变为有翅膀的成虫。

蝉的若虫是从树上的卵中孵化出来的。若虫掉落到地上后，会爬进地上的小裂缝中。它们会在地下待好几年，并从树根中吸取汁液，不断长大。

随后蝉会从地下钻出，前往乔木或灌木丛。每只若虫都会蜕壳变为有翅膀的成虫。随着时间的推移，成虫会完成交配，雌虫随后在树上产卵，之后生命的循环会再次开始。

蟾蜍

Toad

蟾蜍是一类看起来很像蛙类的小型动物。不过，蟾蜍的身体比蛙类更宽，皮肤比蛙类更干燥粗糙。此外，蟾蜍的后腿比大多数蛙类的后腿短，而且没有蛙类强壮。蟾蜍和蛙类都是两栖动物，这类动物大部分时间生活在水里，部分时间生活在陆地上。蟾蜍的体长为2.5~23厘米。

蟾蜍会用又长又黏的舌头捕捉昆虫和其他小型动物。蟾蜍的皮肤能够产生使其他动物致病的毒素，这种有毒的皮肤能够保护蟾蜍不被吃掉。

普通蟾蜍

有些雌性蟾蜍一次可以在水中产多达3万枚卵。宛如小鱼般的蝌蚪会从卵中孵化出来。经过变态发育后，蝌蚪会变为小蟾蜍。随后，这些蟾蜍会离开水面，在陆地上生活。年幼的蟾蜍能够在不到一年的时间里长为成年蟾蜍。

蟾蜍会避免在强光和高温下活动，它们在晚上或下雨天最为活跃。

延伸阅读： 两栖动物；魔鬼蟾蜍；蛙；蝌蚪。

欧洲绿蟾蜍能够随着光线和温度的变化而改变体色。

长鼻猴

Proboscis monkey

长鼻猴是一种长着大鼻子的猴类，分布于东南亚婆罗洲。不包括尾巴的情况下，成年长鼻猴的体长约为53~76厘米。

成年长鼻猴的头部、背部、肩部和大腿上有红色毛发，胳膊和腿上具有浅灰色的毛发。长鼻猴具有锋利的臼牙，这些牙齿能够轻易地切割树叶。长鼻猴栖息在河流附近的树上，以树叶、水果和花朵为食。

长鼻猴是游泳好手，但在水里，它们必须警惕鳄鱼，因为鳄鱼会捕食它们。不过，人类才是长鼻猴的主要威胁。人们主要通过破坏它们所居住的森林对它们造成威胁。

延伸阅读： 哺乳动物；猴；灵长类动物。

长鼻猴具有所有猴子中最大的鼻子。雄性和雌性都具有大鼻子。

长臂猿

Gibbon

长臂猿

长臂猿是类人猿中最小的一个类型。类人猿是与人类最为相似的一类动物。除了长臂猿之外，其他类人猿还包括黑猩猩、大猩猩和猩猩。长臂猿也称小猿，因为它们不像其他猿类体型那么大。

长臂猿栖息于东南亚的森林里。它们在树顶上生活，很少会下到地面上。长臂猿会用上肢在树枝间荡来荡去。它们也能在树上用两条腿沿着树枝行走，这与人类在地面上行走的姿势很相似。长臂猿以水果、树叶和昆虫为食。

长臂猿以家庭为单位生活。一个长臂猿的家庭通常是由一只雄性、一只雌性和一两个它们的孩子组成。一个长臂猿家庭会守卫自己的一片领地，领地包括它们一家人睡觉和进

食的那些树木。雄性长臂猿会保护这片领地，它们会用响亮的歌声和叫声来警告其他的长臂猿家庭远离。

世界上现存的长臂猿的种类很多，它们都具有长长的胳膊和腿。与其他猿类一样，长臂猿也没有尾巴。它们的体色从黑色到浅棕色。长臂猿能够长到90厘米高。

大多数种类的长臂猿都濒临灭绝。人类已经破坏了它们所栖息的许多森林，一些人还捕杀长臂猿作为食物或捕获并贩卖它们的幼崽。

延伸阅读： 猿；濒危物种；哺乳动物；灵长类动物。

长颈鹿

Giraffe

长颈鹿是现存所有动物中身高最高的。它们具有长长的脖子和腿。雄性长颈鹿的身高能够达到5.5米，体重约为1200千克。雌性长颈鹿体重略轻，身高也略矮一些。

长颈鹿的短毛上有很多斑块，这些斑块呈现淡褐色或红棕色。当长颈鹿站在树旁的时候，这些斑块会使它们很难被发现。通过这种方式，长颈鹿能够避开那些可能会捕食它们

长颈鹿以集群的形式生活在非洲草原上。每只长颈鹿都有自己独特的毛皮图案。

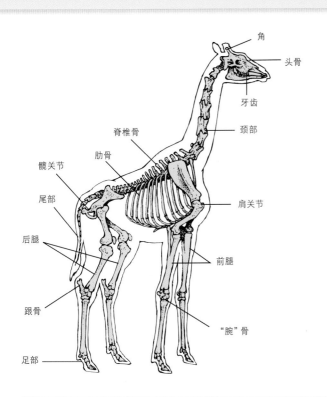

角
头骨
牙齿
脊椎骨
颈部
肋骨
髋关节
尾部
肩关节
后腿
前腿
跟骨
"腕"骨
足部

长颈鹿的骨架

的动物，例如狮子。每只长颈鹿的斑纹都是不同的。

长颈鹿分布于非洲。它们以树叶、嫩枝、树上和灌木丛中的果实为食。长颈鹿的舌头长度能达到50厘米。长颈鹿会用舌头伸到高高的树丛里面取食树叶和嫩枝。

延伸阅读： 哺乳动物。

长尾小鹦鹉

Parakeet

长尾小鹦鹉是一类小型鹦鹉。它们的羽毛颜色鲜艳，可能是红色、绿色、蓝色、橙色、黄色或紫色。有些种类的长尾小鹦鹉具有短而方的尾巴，还有一些种类的尾巴则又长又尖。

某些长尾小鹦鹉能够作为可爱的宠物，很容易训练。它们是天生的"杂技演员"，看它们表演十分有趣。它们可以在小梯子和跷跷板上表演很多节目。最常见的宠物长尾小鹦鹉是虎皮鹦鹉。虎皮鹦鹉的雄鸟喙上的皮肤为蓝色，而雌鸟则为棕色。

大多数虎皮鹦鹉都可以学人说话。最好在这只鸟只有几周大的时候开始训练。训练者应该一遍又一遍地说一个词或一组词，直到鹦鹉能够重复。雌鸟和雄鸟都能学习很多词语。

某些长尾小鹦鹉常被当作宠物饲养。主人能教它们说话或表演节目。

　　长尾小鹦鹉的雌鸟通常一次产5枚蛋，蛋会在18~20天内孵化。长尾小鹦鹉的寿命能达到10年以上。

　　长尾小鹦鹉以种子和水果为食。在野外，长尾小鹦鹉栖息在树上。它们的飞行速度很快。

延伸阅读： 鸟；虎皮鹦鹉；鹦鹉；宠物。

长须鲸

Fin whale

　　长须鲸是世界上体型第二大的动物，只有蓝鲸比它们更大。雌性长须鲸的体长可达27米，体重可达70吨，雄性的体型则略小一些。长须鲸的身体背面呈现深灰色，腹部呈现浅灰色或白色，下颌右侧为亮白色。长须鲸的背部的后半部有一个背鳍。从上面看，它们的头部呈V形。

　　长须鲸没有牙齿，它们的上颌会垂下被称为鲸须的宽板状结构，鲸须能够从水中滤取食物。它们主要以磷虾为食。它们采取扑向大群猎物的方式进食，即一口吞下大量的猎物和水，之后闭上嘴，把水从鲸须中挤出来，而猎物仍然会被困在嘴里。

　　长须鲸分布于世界所有的海域中。夏天它们会到凉爽的水域觅食，冬天则迁徙到温暖的水域进行繁殖。20世纪长须鲸曾被大量捕杀，种群数量大为减少，使它们有完全灭绝的危险。国际捕鲸委员会如今已经禁止捕杀长须鲸，但是它们仍然属于濒危物种。

延伸阅读： 鲸豚类动物；鳍；磷虾；哺乳动物；鲸。

长须鲸是地球上体型第二大的动物，只有蓝鲸比它们大。

超龙

Supersaurus

超龙是体型最大的恐龙之一,体长为30~40米,臀高则约为8.2米,体重可达36吨。这种巨大的恐龙生活在距今约1.5亿年前的美国西部。

超龙的脖子又长又细,长度可达12米,巨大的鞭状尾巴约有15米。超龙体型庞大,行动缓慢,以植物为食。科学家认为超龙的钉状牙齿可用来剥树皮和树叶。体型这么大的动物每天要吃掉好几吨植物。

延伸阅读:恐龙;古生物学;史前动物;爬行动物。

巢

Nest

巢是动物为了抚养幼崽而建造的一种结构。许多动物会在巢中产卵,还有些动物会在巢中产下幼崽。巢为卵和幼崽提供了庇护。大多数鸟类都会筑巢。松鼠、兔子、龟类和一些小型动物也会筑巢。包括蜜蜂、黄蜂、白蚁在内的许多昆虫也会筑巢。

大多数鸟巢呈碗形,由树枝、草和树叶构成。这些材料常与泥浆结合在一起。鸟类会在灌木丛、乔木、地面、山脊和洞穴中筑巢。

延伸阅读:鸟;卵。

鹛䴘   织雀   家燕

缝叶莺   啄木鸟   小型鸻鹬

从简单的地面洞穴到悬挂在树枝上的复杂结构,鸟类所建造的鸟巢各种各样。图中展示了许多不同种类的鸟巢。

嘲鸫

Mockingbird

嘲鸫是一类鸣禽的通称，它们以模仿其他鸟类的声音而闻名。一位博物学家曾报告说，一只嘲鸫曾在10分钟内模仿了32种不同鸟类的叫声。嘲鸫分布于北美洲的大部分地区，种类很多。

小嘲鸫具有灰白色的胸部和青灰色的体色。翅膀和尾巴为深灰色，上面还具有白色斑纹。雌鸟和雄鸟体色几乎相同，不过雌鸟身上的白色略少一些。嘲鸫体长23～28厘米，具有细长的身体和尾巴。

嘲鸫在低矮的乔木和灌木丛中筑巢。一次会产下4～6枚带褐色斑点的蓝绿色或蓝白色的蛋。嘲鸫会取食昆虫和杂草种子，所以对人有益。它们经常会从停着的汽车的散热器中捕捉昆虫。它们也会取食野生水果，所以会对水果作物造成损害。这类鸟有时会很凶猛，在筑巢的时候尤其如此。

延伸阅读： 鸟；弯嘴嘲鸫。

嘲鸫以模仿其他鸣禽的声音而闻名。

潮虫

Wood louse

潮虫是一类受到威胁时，会蜷缩成一团的小型动物。潮虫的坚硬外壳能保护它们不被吃掉。潮虫有时也被称为西瓜虫。

潮虫的体长不到2.5厘米。它有一个扁平的椭圆形身体。身体分为许多节。潮虫栖息于黑暗潮湿的地方，例如岩石下和朽木中。在世界各地的森林和草原上都有它们的分布。潮虫以腐烂的植物和动物为食，也会取食一些活的植物。尽管它们的英文名中有虱子的含义，但它们与真正的虱子没有紧密的亲缘关系。虱子属于昆虫，潮虫则属于等足类动物。许多等足类动物生活在海洋中，但潮虫却生活在陆地上。

延伸阅读： 虱子。

潮虫

尘螨

Dust mite

尘螨是一种以家居灰尘为食的微小动物。世界上几乎每家每户都有尘螨。它们与蜱虫和蜘蛛具有亲缘关系。

没有显微镜的话，我们是看不见尘螨的。它们生活在潮湿温暖的地方，通常存在于床上用品、地毯和家具中。

人们通常会吸入尘螨本身和它们的排泄物，这些碎屑会使对尘螨过敏的人打喷嚏、呼吸困难或患皮疹。

想摆脱尘螨并不容易，但是每周用吸尘器清理地毯和家具可以减少它们的数量。

那些因尘螨而生病的人，家里最好不要放地毯。

延伸阅读： 蛛形动物；螨虫；有害生物；蜘蛛；蜱虫。

尘螨是一种生活在地毯、家具和床上用品里的微小动物，它们以家庭中的灰尘为食。

匙吻鲟

Paddlefish

匙吻鲟是一类不同寻常的鱼类，具有鲨鱼一样的鳍和一个延伸到嘴的吻部。这种吻部像桨一样，特别长。

美洲匙吻鲟栖息于密西西比河及其支流，体长能超过1.8米，体重可达41千克。除此以外，只有一种匙吻鲟分布于中国的河流中（即白鲟）。

匙吻鲟的吻部可能是一种感觉器官，有点像人的鼻子。它们可能会利用吻部寻找和取食浮游生物。人们会取食匙吻鲟，包括它的卵。

延伸阅读： 鱼；浮游生物。

匙吻鲟的吻部像桨一样，特别长。它用吻部寻找食物。

翅膀

Wing

翅膀是许多动物身上用于飞行的身体部位。鸟类、昆虫和蝙蝠都具有翅膀。

鸟的翅膀薄而轻,主要是由覆盖着皮肤和羽毛的小骨头和肌肉组成的。鸟的翅膀各不相同。具有什么样的翅膀,主要取决于这种鸟的生活方式。例如,长而窄的翅膀可以使隼飞得很快。短而宽、末端圆润的翅膀则有助于雉鸡迅速起飞。企鹅的翅膀就像鳍一般。企鹅不会飞,它们用翅膀游泳。

昆虫的翅膀长在体壁上,翅膀上布满脉络。大多数有翅昆虫具有两对翅膀,但也有些种类只有一对翅膀。昆虫刚变为成虫时,翅膀是软的。血液流过血管使翅膀膨胀,变得更硬、颜色更深。除了飞行,昆虫还能用翅膀做别的事。例如,昆虫的翅膀可以吸收太阳的热量来帮助昆虫提高体温。

蝙蝠是唯一具有翅膀的哺乳动物。它们的大翅膀由手臂骨和手指骨支撑。皮革般的皮膜覆盖着翅膀,强有力的肌肉赋予了翅膀力量。

延伸阅读: 蝙蝠;鸟;羽毛;昆虫。

许多不同类型的动物都具有翅膀,翅膀的用途也各不相同。企鹅用像鳍一样的翅膀在水中游泳。

当鸟类向上扇动翅膀时,羽毛会张开,这样空气就可以通过,这使鸟能很容易地举起翅膀。向下扇动翅膀时,羽毛则会叠在一起,所以空气无法通过。这样,鸟就可以飞行了。

翅膀完全向上张开

开始向下扇动翅膀

翅膀完全向下张开

开始向上扇动翅膀

宠物

Pet

宠物是人们作为伴侣饲养的动物。许多人把宠物当作家庭的一部分。

最常见的宠物是狗、猫、小鹦鹉、金丝雀和鱼。有些人还会饲养蛇、龟、变色龙和其他爬行动物。人们也会饲养一些毛茸茸的小宠物，例如仓鼠、沙鼠和豚鼠。还有一些人会养一些不太常见的宠物，例如浣熊、雪貂、臭鼬、狼蛛和猴子。青蛙、蟾蜍和蝾螈也会被作为宠物饲养。

住在农场的孩子通常会有许多宠物。除了猫和狗之外，许多农场的孩子会和羊羔、兔子、小鸭、小鸡，甚至小猪一起玩。有些孩子还会有一匹小马或温顺的马作为坐骑。

在世界各地，人们会饲养不同种类的宠物。南极洲的探险者会把企鹅作为宠物。印度人把獴作为宠物。在中国，鸬鹚也是很受欢迎的宠物。

照顾宠物是一种重要的责任。宠物依赖它们的主人来喂养它们，为它们提供住所，并保持它们的清洁，照顾它们的健康。

宠物需要适当的食物来保持身体健康。大多数宠物食物都会在杂货店和宠物店销售，这些食物含有适合每种宠物所需的适量维生素、矿物质和蛋白质。

猫是很受欢迎的家庭宠物。

鬣蜥是一种不寻常的宠物。

马通常由住在农场和牧场的人饲养。

有些鸟类可以作为很好的室内宠物。

所有的宠物都需要一个良好的居所。宠物鸟应该住在足够大的笼子里，狗或猫应该有一个温暖、干燥的地方睡觉。篮子、盒子或者宠物床可以避免狗或猫直接睡在地上，保护它不受房屋内供暖气流的影响。住在屋外的狗需要一个坚固的房子来保护它免受恶劣天气的影响。

保持宠物及其周围环境的清洁很重要。有些清洁工作每天都必须做。宠物的餐盘需要用肥皂和水清洗；排泄物以及吃剩的食物必须从动物的笼舍中清理出来。洗澡也很重要。大多数宠物会自己保持清洁。狗只有在很脏的时候才需要洗澡，身上有一点泥土可以直接擦掉。给宠物洗完澡后需要帮它们擦干并把毛理顺。许多鸟喜欢在一小盆水中洗澡，还有些鸟喜欢被人用喷雾器里的水轻轻喷洒。

在有了适当的食物、居所和保持清洁后，大多数宠物将享有良好的健康条件。不过，让兽医对新宠物进行检查仍然很重要。兽医会给小狗、小猫或鸟类注射疫苗，以保护它们免受严重疾病的伤害。如果宠物受伤或生病了，就应该带它们去看兽医。

每年，数百万的狗和猫都会产下自己的后代。由于主人无法照顾，许多小狗小猫会被送到动物收容所。如果收容所不能为它们找到新的家，这些动物就可能被杀死。因此，大多数人认为应该对猫和狗实施绝育。绝育手术由兽医进行，它能够使动物不再生育。

教授宠物行为得体的活动称为宠物训练。在一个人开始进行宠物训练之前，宠物必须要喜欢并信任这个人。对猫或狗而言，最重要的训练是在适当的地方"上厕所"。幼犬每天都需要到户外活动好几次——即当它早上醒来、午睡后、吃完饭后以及玩耍之前。经过适当的训练，它很快就会在适当的地方"上厕所"。

大多数猫都是在便盆里"上厕所"的——便盆里装满了猫砂。训练幼猫使用猫砂箱通常很容易。猫砂箱每周至少需要清理一次。

许多宠物都非常聪明。这样的宠物需要玩具和游戏时间，以免它们感到无聊。感到无聊的宠物通常不快乐，而且它们可能还会开始破坏东西或制造噪音。训练你的宠物去学会一些小技巧是和它相处的好方法，并且这也会使得宠物感到快乐。狗的一些基本技巧训练包括坐起来、握手、用棍子或球挑逗、躺倒滚过来和装死。

几乎所有家庭里都可以放置鱼缸或小水族箱。

猫能够学会简单的技巧，包括跳起来抓球或者用后腿走路。猫只有在得到耐心和温柔的对待时才能把这些技巧掌握好。

许多其他种类的动物也能够学会一些技巧。有些人会驯养老鼠，教它们跟着音乐跳舞。长尾小鹦鹉和其他许多种类的鸟能够学会说话、吹口哨、走钢索、穿过隧道、推拉玩具、把球穿过篮球网、乘坐玩具汽车或火车等。对于鱼类，可以教它们在喂食之前，游到鱼缸的一侧，通过轻轻拍打鱼缸获取食物。

延伸阅读： 鸟；猫；狗；沙鼠；豚鼠；仓鼠；长尾小鹦鹉；兔子；热带鱼。

狗的主人需要保持宠物的清洁，以确保它们的健康。

臭虫

Bed bug

臭虫是一类以血液为食的微小昆虫。它通常以人为目标，也袭击鸟类和其他动物。臭虫会使用它尖锐的喙刺穿受害者的皮肤，然后吸吮血液，它的啃噬会导致人或动物的皮肤出现肿胀和瘙痒。

臭虫体色偏红棕色。它们具有可以藏在极小裂口和裂缝中的扁平身体，体长约6毫米。臭虫通常会在白天隐藏起来，夜晚进食。它们常常通过衣物和家具进入房间，隐藏在被褥和床垫中，以及地毯下面。一只雌性臭虫一生能够产下100枚以上的卵，这些卵会在大约1~2周内孵化。

臭虫由于能够造成刺激性的咬伤，所以对人体危害严重。一些科学家怀疑臭虫可能会传播某些疾病。

延伸阅读： 半翅目昆虫；昆虫。

臭虫

臭鼬

Skunk

臭鼬是一类有黑白斑纹的哺乳动物。臭鼬最出名的就是在受到威胁时会喷射出难闻的液体，这种液体来自臭鼬尾巴的底部。臭鼬可以从4米远的地方喷射。

世界上的臭鼬共有三种，分别是条纹臭鼬、猪鼻臭鼬和斑点臭鼬。条纹臭鼬背部有两条白色条纹，形成一个大大的V字；猪鼻臭鼬则具有一个突出的鼻子；斑点臭鼬全身长满了白色大斑点。

臭鼬的体型并不大。不包括尾巴在内，大多数条纹臭鼬的体长为33~46厘米，体重则为1.4~4.5千克。

臭鼬以毛虫、昆虫、老鼠、卵、浆果和谷物为食。短尾猫和大型猫头鹰会捕食臭鼬。不过大多数动物并不会捕食臭鼬，它们不希望面对臭鼬喷射的难闻液体。

只有在发出咆哮和跺脚警告后，条纹臭鼬才会向敌人喷射难闻的液体。

大多数臭鼬栖息在地下洞穴里。雌性臭鼬会在洞穴里产崽，通常一次生育四五个幼崽。

延伸阅读：灵猫；哺乳动物。

触角

Antennae

触角是大多数昆虫头上所具有的长长的触须状结构。蟹、龙虾和其他一些小型动物也有触角。昆虫、蜈蚣和马陆都具有一对触角，蟹和龙虾则具有两对。

触角能够帮助动物感知周围的世界。几乎所有的触角都用触觉来感知物体。触角还能告诉动物什么东西是热的、冷的、干的或湿的。许多触角能感知声音。许多动物触角上的小凹坑使它们能够闻到气味。

延伸阅读：蜈蚣；蟹；昆虫；龙虾。

触角帮助昆虫感知周围的世界。

触须

Tentacle

触须是动物用来感知和抓握物体的长而灵活的身体部位。许多生活在水中的动物会用触须来感知事物、捕捉食物和保护自己。

水母的触须具有刺细胞，能麻痹其他动物，使它们无法移动。水母会吃掉这些小型动物。而水螅则会用触须捕捉其他更小的水生动物。珊瑚也会用触须捕捉食物。

乌贼会利用触须上的吸盘来捕捉食物。大王乌贼的体长可达18米，触须占了这种动物体长的大部分。

延伸阅读：大王乌贼；水母；乌贼。

乌贼具有两条长长的触须，两条触须的下方都具有用来捕捉食物的吸盘。

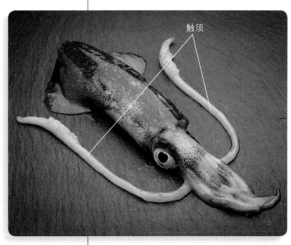

触须

船蛸

Argonaut

船蛸是一类长着八只腕足的海洋动物。它们栖息于全世界温暖海域的表面水层，与章鱼和乌贼属于同一个类群，以小型鱼类为食。

船蛸头部下方生有一个管状器官——虹吸管。船蛸通过虹吸管喷出一股水流，慢慢地游动。雌性船蛸的体长可达45厘米，雄性则很少超过2.5厘米。

雌性船蛸的两只腕足上长着宽大的皮瓣。它们用这些皮瓣释放的液体建造一个脆弱的、像纸一样薄的外壳。外壳很快变硬并被皮瓣覆盖。雌性船蛸在它们的壳里生活并产卵。雄性船蛸则不会建造外壳。

延伸阅读： 软体动物；章鱼；乌贼。

船蛸是一类生活在温暖海域的具有八只腕足的海洋动物。

鹑

Quail

鹑是火鸡、雉鸡、石鸡、山鹑的近亲。除南极洲以外的每一个大陆上都有鹑的分布。人们通常会为了获取食物或狩猎运动而捕猎它们。

世界上现存的鹑有几十种。北美洲最著名的鹑是山齿鹑，西方鹌鹑分布在欧洲和非洲的大部分地区。

大多数鹑的成鸟体长为20～30厘米。雄鸟体色呈棕色或灰色，有时身上也会有红褐色、蓝色、白色或黑色的纹路。而大多数鹑的雌鸟体色则为棕色或灰色。在秋天和冬天，鹑会成群地生活在一起。

延伸阅读： 鸟；山鹑；雉鸡；火鸡。

鹑是在陆地上筑巢的鸟类，分布于除南极洲以外的所有大陆。雄鸟（右）头部的颜色比雌鸟更为鲜艳。

刺胞动物

Cnidarian

　　刺胞动物是一类水生软体动物，包括水母、水螅、海扇、海葵和珊瑚。这些动物共同组成了刺胞动物门。世界上现存数千种不同的刺胞动物，它们几乎都生活在海洋中。

　　刺胞动物的身体形状可以是圆柱形、钟形或伞形。它们身体张开的一端是嘴，通向内脏。每只刺胞动物至少有两层细胞形成体壁，外层是身体的覆盖物，内层是肠道。许多刺胞动物都有一层由坚硬的、果冻状的物质组成的中间层，这种物质有助于支撑刺胞动物的身体。

　　延伸阅读： 珊瑚；水母；门；海葵。

普通水母

红珊瑚

德文郡杯珊瑚

刺胞动物门包含水母这样具有特殊刺状器官的动物。

刺魟

Stingray

　　刺魟（hóng）是一类身体扁平、鳍会像翅膀一样扇动的鱼。世界上现存的刺魟有很多种。

　　刺魟具有像鞭子一样长长的尾巴，尾巴上还有一两个毒刺。当别的生物骚扰刺魟时，刺魟便会向上摆动尾巴。当人被它们刺伤时，会感到十分痛苦。

　　大多数刺魟栖息于温暖海洋里沙质和泥泞的海底区域。有些种类的刺魟栖息在淡水中。

　　刺魟的骨骼由一种叫作软骨的胶质材料构成。人类的耳朵和鼻子里也有软骨。

　　刺魟以螃蟹、蠕虫、虾和小鱼为食。它们的嘴隐藏在扁平的身下。

　　延伸阅读： 鱼；蝠鲼；鳐鱼。

大多数刺魟栖息在温暖海域的沙质和泥质海底。

刺鲀

Porcupinefish

　　刺鲀是一类浑身长着尖刺的鱼类。这些刺有点像豪猪的刺。当别的动物威胁到刺鲀时，它们可能会进入一个洞或岩石的裂缝，并将自己的胃充满水。水会使刺鲀像气球一样膨胀，并使它们的刺突出。对于大多数刺鲀来说，在平静时，它们的刺会贴合在体表。

　　大多数刺鲀的体色主要为蓝色、棕色、灰色或绿色，腹部则呈黄色或白色。有些种类具有黑色或棕色的圆形斑点。刺鲀的平均体长为25~50厘米。所有刺鲀都有像喙一样突出的一上一下两颗大牙齿。它们会用牙齿捕食海胆、小螃蟹以及其他有硬壳的猎物。刺鲀分布于热带海洋。

　　延伸阅读： 鱼；河鲀。

刺鲀的身上具有坚硬而锋利的刺。它们会把水充进胃里，使刺突出。

刺猬

Hedgehog

　　刺猬是一类长相与豪猪相似的小型动物。普通刺猬有短短的耳朵和腿，一条短小的尾巴和一个长鼻子。它们的背部覆盖着坚硬的刺，保护刺猬免受那些捕食者的威胁。当刺猬遇到危险时，它们会把自己卷成一个带刺的球。

　　刺猬在晚上捕食。它们以昆虫、蛇、鸟和鸟蛋为食。当寒冷的气候来临时，它们便会进入长时间的冬眠过程中。刺猬是可以驯养的，有些人会把刺猬当作宠物饲养。

　　普通刺猬原产于欧洲北部和亚洲的部分地区。它们如今也分布于非洲南部和东部以及新西兰。

　　延伸阅读： 哺乳动物；豪猪。

刺猬

脆蛇蜥

Glass lizard

脆蛇蜥是一类尾巴易断的无腿蜥蜴。一旦攻击者抓住这类蜥蜴的尾巴，它就很容易被折断。扭动的尾巴会分散攻击者的注意力，从而使脆蛇蜥得以逃脱。之后它们会长出一条新的尾巴。

脆蛇蜥分布于非洲、亚洲、欧洲和北美洲。不包括尾巴，它们的体长约60厘米。它们的尾巴长度能达到身体的两倍。脆蛇蜥以昆虫、蜗牛和其他蜥蜴为食。脆蛇蜥看起来像蛇，但是这些无腿蜥蜴在许多方面与蛇不同。例如，脆蛇蜥具有眼睑和耳孔。

延伸阅读：蜥蜴；再生；爬行动物。

脆蛇蜥没有腿。

翠鸟

Kingfisher

翠鸟是一类头部大、喙长而尖且沉重的鸟类。世界上现存的翠鸟有很多种，其中许多种类的头上都具有羽冠，所有翠鸟的腿部和尾巴都很短。

翠鸟会栖息于水域附近或森林中。澳大利亚的笑翠鸟就是一种栖息于林地中的翠鸟。白腹鱼狗（一种水鸟）是美国唯一常见的翠鸟，这种翠鸟的雄性胸前有一条蓝灰色的条带，雌性在蓝灰色的下面是一条略带红色的条带。

翠鸟会用自己的喙潜水捕鱼，它们也会捕食蛙类、蝾螈和昆虫。

延伸阅读：鸟；笑翠鸟。

翠鸟的长喙可用作捕鱼的工具。

D

达尔文

达尔文

Darwin,Charles Robert

查尔斯·罗伯特·达尔文(1809—1882)是一位英国科学家,以他的描述地球上生物发展方式的进化论而闻名于世。达尔文认为,地球上所有不同种类的植物和动物都是在亿万年的时间里,从最早的单一生命形式发展而来的。

达尔文认为进化主要通过自然选择的过程进行。根据自然选择理论,物种个体天生具有不同的特征,某些特征有助于个体生存和繁衍后代,那些成功的个体会把自己的特征传给后代,这样,有助于生存的特征会变得更加普遍。随着时间的推移,性状的差异会导致新的动植物种类产生。

达尔文在1859年出版的《物种起源》一书中阐述了他的观点。达尔文的思想震撼了当时许多相信生物是由上帝创造的人。如今,几乎所有的科学家都接受了达尔文的理论。但仍然有些人不接受它,因为这不符合他们的传统认知。

达尔文出生于英格兰的什鲁斯伯里。1831—1836年,他以科学家的身份跟随"贝格尔"号勘探船环球航行。达尔文研究了这艘船所到之处的动植物,从而形成了他关于生物进化的观点。

延伸阅读: 进化;雀;自然选择。

1831—1836年,达尔文曾以博物学家的身份随英国科学考察队搭乘"贝格尔"号进行环球旅行。在太平洋的加拉帕戈斯群岛,他注意到雀的喙存在多种变化。他对岛上和世界其他地方的动植物的研究最终促成了他的进化论。

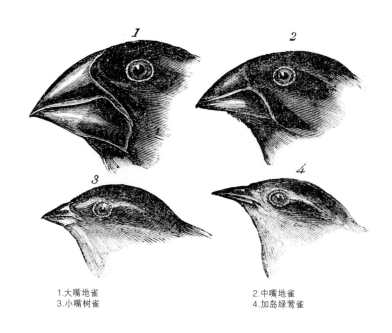

1.大嘴地雀
3.小嘴树雀

2.中嘴地雀
4.加岛绿莺雀

大白鲨

Great white shark

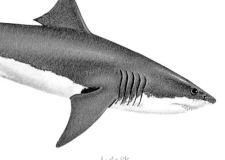

大白鲨是一种强壮有力的大型鲨鱼，体长能达到6.4米以上。与大多数其他鲨鱼不同的是，大白鲨有温暖的血液和肌肉。因此，它们比其他大多数鲨鱼更快也更强壮。大白鲨锋利的牙齿边缘参差不齐，可以从它们最喜欢的猎物——海豹和海狮身上撕下大块的肉。

大白鲨分布于世界各地凉爽的沿海地区。大白鲨会攻击甚至杀人，但这种行为极为罕见。科学家认为这些攻击是由于这些鲨鱼误以为人类是它们的猎物才导致的，在鲨鱼眼中，在海里游泳的人看起来可能与海豹很相似。

在世界上的许多地方，捕鱼业使得大白鲨的种群数量减少了很多。有些国家制定法律对大白鲨实施保护。

延伸阅读： 鱼；鲨鱼；恒温动物。

大白鲨

大比目鱼

Halibut

大比目鱼是一种大型鱼类，栖息于寒冷的水域中。它们的身体扁平，两个眼睛都位于头的右侧。它们的身体右侧呈现深褐色，左侧为白色。有些大比目鱼的体重可达180千克。

渔民在结实的鱼钩上放鱼饵捕捉大比目鱼，他们会把钓索扔到大比目鱼栖息的海底。大比目鱼分布于大西洋北部以及美国华盛顿和阿拉斯加海岸附近的水域。人们过去常在一些节日吃这类鱼。

延伸阅读： 鱼；比目鱼；鳎。

大比目鱼是栖息于北方水域的重要食用鱼类。它们的身体扁平，两只眼睛都在身体右侧。

大肠杆菌

E. coli

大肠杆菌是一类细菌。

世界上现存数百种不同类型的大肠杆菌。它们大多栖息于人类、牛和其他动物的肠道内，但并不会伤害到这些生物。但也有一些大肠杆菌会让人生病，人们会出现排出稀便的症状，这称为腹泻。

如果人们吃了烹饪时间不够久的被感染的碎牛肉，或者吃了没有洗干净的水果和蔬菜，就会感染由大肠杆菌引起的疾病。

大多数因为大肠杆菌而得病的人会在一周内好转，但有些人会病得很重，有少数人会死亡。

延伸阅读：细菌。

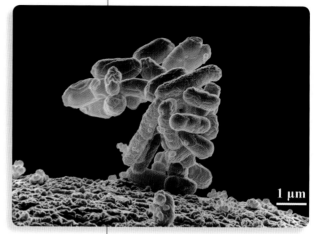

1 μm

显微镜下的大肠杆菌图像。

大翅鲸

Humpback whale

大翅鲸是一种栖息于世界上所有海域的大型鲸类。大翅鲸的体长可达19米。它们有窄窄的头部和又细又长的鳍肢。大翅鲸的身体下部通常为白色，背部和身体两侧为灰色或黑色。大翅鲸的背上有驼峰状的背鳍。

大翅鲸的嘴里充满了被称为鲸须的薄板状结构，鲸须能够帮助鲸过滤水并获取食物。大翅鲸主要以小鱼和磷虾为食，它们会张开嘴向猎物群猛冲过去，随后，它们会把水从嘴里挤出来，只留下猎物。

大翅鲸通常成群游动。虽然体型很大，但它们是优雅的游泳者，有时它们甚至会从水里跃出。

大翅鲸每年都会从寒冷的水域游到温暖的水域。它们在较冷的水域觅食，在温暖的水域产崽。大翅鲸会通过低吟声和尖叫声彼此交流，有时，雄性个体会重复某些"歌曲"，这些歌曲听起来很奇异动听。

延伸阅读：鲸豚类动物；哺乳动物；鲸。

大翅鲸的背部有一个驼峰状的鳍，刚好位于身体中部的后面一点。

大丹犬

Great Dane

大丹犬是一个大型犬种，身体强壮、优雅、勇敢而友好。它们的体重为54~80千克。雄性的肩高约为86厘米，雌性的肩高约为76厘米。大丹犬有短而浓密的毛，它们的毛皮可能呈现棕褐色，上面带有黑色条纹；毛皮也可能是黑色、蓝色或者白色的，上面带有黑色的斑点。

大丹犬于16世纪在德国被培育出来，最初是用来捕猎野猪和作为守卫犬的。如今，大丹犬成为温顺、忠诚、用于保护家庭的犬种。

延伸阅读：狗；宠物。

大丹犬是体型最大的犬种之一。

大颚细锯脂鲤

X-ray fish

大颚细锯脂鲤是分布于南美洲的一种小型淡水鱼类。它们的不同寻常之处在于光可以透过它们的大部分身体。因此，人们可以看到大颚细锯脂鲤的身体内部。

大颚细锯脂鲤的大部分鱼鳍上具有黄色、黑色和白色的条纹，尾鳍呈淡红色，眼后通常有一个黑点。成鱼体长小于5厘米。

在南美洲的亚马孙河以及奥里诺科河流域，大颚细锯脂鲤随处可见。它们以水生昆虫和其他小型动物为食。

大颚细锯脂鲤在水族馆里很受欢迎。它们的寿命可达5年。

> **延伸阅读：** 水族箱；鱼；热带鱼。

光可以透过大颚细锯脂鲤的大部分身体，人们可以看到它们的身体内部结构。

大海牛

Sea cow

大海牛是一种已经灭绝的海洋动物。1741年，欧洲的水手在白令海的指挥官岛附近发现了大海牛。当时大海牛的总数大概在1000～2000头。水手们捕杀这些动物作为食物。到1768年，大海牛就完全灭绝了。大海牛栖息在靠近海岸的浅水中，以海藻为食。

大海牛可以生活在冷水中，而且体型比儒艮和海牛要大。它们的体长可达7.6米，体重可达10吨。

> **延伸阅读：** 儒艮；灭绝；哺乳动物；海牛。

大海牛是一种已经灭绝的海洋动物。在18世纪末之前它们一直栖息在北冰洋岸边的浅水环境中。

大海蛇

Sea serpent

大海蛇是传说中一种像巨大的蛇一样的大型海洋生物。自古以来，就流传着这类生物的传说故事。例如，许多亚洲神话中有蛇形的龙的传说，它们生活在海底并引起风暴。《圣经》中所描述的利维坦就是一种大海蛇。

在现代，曾有报道说有人看到了大海蛇。这些报道通常将看到的景象描述为一系列出现并消失在水面上的黑色隆起。科学家认为，大多数人看到的实际上是海浪，或者可能是一群鼠海豚。其他海洋动物，如大鳗鱼、鲨鱼和巨型乌贼，也会被误认为是所谓的大海蛇。

延伸阅读： 海洋动物；鼠海豚。

大海蛇

大角羊

Bighorn

大角羊是北美洲的一种大型野生羊类。雄性大角羊具有从前额向后弯曲的庞大的角，角向下并向前弯曲，能够超过1.2米长，而角基部的周长能够达到43厘米。雌性大角羊只有略微弯曲的短角。在交配季节，公羊以其壮观的争斗行为而闻名——两只或更多只公羊会相互反复争斗，把角碰撞在一起。这种争斗能够持续好几个小时。

大角羊在美国也称为山地羊，分布于北美洲西部从加拿大到墨西哥的广袤地区。栖息在落基山脉和内华达山脉的大角羊，体色为深棕色，而那些栖息在沙漠山脉更南边的种群则呈现浅黄棕色。大角羊的下腹部为乳白色，臀部有奶白色的斑点。

因为栖息于北美洲西部的山区，所以大角羊有时被称为山地羊。

大角羊的体型大小取决于它们的性别和分布地点。雄性通常都比雌性大得多。在北美洲北部的山区，大角羊站立时的肩高能达到107厘米，体重能达到140千克，而这个地区的雌性体重通常还不到73千克。其他地区大角羊的体型通常较小。

延伸阅读： 哺乳动物；绵羊。

大鼠

Rat

大鼠是一类与小家鼠相似但体型更大的毛茸茸的动物，属于啮齿动物。啮齿动物是具有不断生长的门牙的小型哺乳动物。大鼠的种类很多。其中的两种，黑鼠和褐家鼠，几乎遍布世界各地。

大鼠有鳞片状的尾巴，用来啃食的门牙，以及长而锋利的爪子。黑鼠和褐家鼠都以集群的形式生活。它们几乎会取食包括动物和植物在内的任何食物。黑鼠栖息于高楼里或树上。褐家鼠则栖息于地下室或地面。雌性大鼠每年能生育3~6次，通过这种繁殖速率，它们的数量能够迅速增加。

黑鼠和褐家鼠携带细菌并传播疾病，但是驯化后的大鼠，尤其是大白鼠，可以作为宠物饲养。科学家用大鼠来进行疾病、行为和药物作用的研究。

延伸阅读： 更格卢鼠；哺乳动物；鼠；有害生物；啮齿动物。

黑鼠能造成世界范围内的人类疾病和经济损失。

大王乌贼

Giant squid

大王乌贼是一类生活在海洋深处的大型海洋生物。它们有一个子弹状的身形和长长的触手。一只成年大王乌贼的体长能达到18米，体重能超过450千克。大王乌贼在所有动物中拥有最大的眼睛。

大王乌贼有八条腿和两根较长的触须，它们的腿和触须上排列着吸盘。大王乌贼会使用腿和触须捕捉猎物，它们的猎物包括鱼、章鱼和小型乌贼。它们会使用喙状的嘴进食。它们的舌头被称为齿舌，上面有能够撕碎猎物的牙齿。成年大王乌贼的体型十分巨大，大多数动物无法攻击它们。但是它们还是会被抹香鲸捕食。

大王乌贼经常出现在海怪的故事中。人们很少能见到活着的大王乌贼，所以对它们的了解很少。

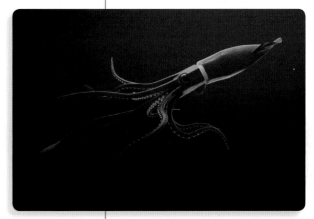

大王乌贼

延伸阅读： 软体动物；乌贼；触须。

大猩猩

Gorilla

大猩猩是体型最大的猿类。这些强壮的动物有巨大的肩膀、宽阔的胸膛、长长的胳膊和较短的腿。一只雄性大猩猩体重可达200千克，身高可达1.8米。雌性大猩猩的体重通常只有雄性大猩猩的一半，它们的身高也更矮。大猩猩分布于非洲中部的雨林中。

大猩猩有一张闪亮的黑脸和又大又尖的牙齿，眼睛上方有伸出的粗粗骨脊。它们的大部分身体被黑色或褐色的毛发覆盖。

大猩猩看起来很凶猛。当大猩猩感到受到威胁时，它会站起来，用手拍打自己的胸膛。不过大猩猩实际上是害羞、安静的动物。大猩猩也是最聪明的动物之一。

大猩猩生活在由一只年长的雄性大猩猩带领的群体中。这样的雄性被称为银背大猩猩。与其他大猩猩个体不同，它们的背上通常有灰色的毛。大猩猩群体通常包括一只或多只成年雄性大猩猩、两只或多只成年雌性大猩猩和它们的幼崽。

白天时，大猩猩会取食树叶、嫩芽、树皮和水果。而到了晚上，大猩猩会折断或弯曲树枝筑巢，它们睡在自己的巢里。

人类已经杀死了大多数大猩猩。人们猎食大猩猩，他们还砍伐了大猩猩居住的森林。大猩猩的生存目前已经受到了严重威胁。

延伸阅读： 猿；濒危物种；弗西；哺乳动物；灵长类动物。

成年雄性大猩猩可以长到200千克重、1.8米高。

大熊猫妈妈带着它的一只幼崽。出生时非常小的大熊猫幼崽会与母亲一起生活两年多的时间。

大熊猫和小熊猫

Panda

大熊猫和小熊猫都是亚洲的珍稀动物。大熊猫亦称熊猫，是一种毛皮黑白相间的熊类。小熊猫则看起来像红色的浣熊。大熊猫和小熊猫虽然名字相似，但它们并不是近亲。

大熊猫具有胖嘟嘟的白色身体，还具有黑色的腿和肩部。大熊猫的脸为白色，眼睛周围为黑色，耳朵也是黑色的。它们具有短短的尾巴。与其他熊类一样，它们能用后腿站立。

小熊猫则长着又长又软的毛和毛茸茸的

尾巴，每只眼睛上部都有一道暗红色的条纹。大熊猫分布于中国，小熊猫则分布于中国、印度、尼泊尔和缅甸。

大熊猫和小熊猫都吃竹子，小熊猫还会取食一些水果和浆果。大熊猫和小熊猫的前爪还有一个"额外的拇指"。它们会用额外的拇指握住竹子。

大熊猫和小熊猫在野外有濒临灭绝的危险。它们主要受到森林被破坏的威胁。它们在中国受到法律保护。中国还建立了森林保护区来保护野生大熊猫。

延伸阅读： 濒危物种；哺乳动物。

在白天，小熊猫能够轻易地爬到树上睡觉。它们通常在黎明和黄昏寻找食物。小熊猫比大熊猫更喜欢吃竹子以外的食物，其中包括水果和浆果。

袋獾

Tasmanian devil

袋獾是一种凶猛的动物，分布于澳大利亚的塔斯马尼亚岛。它们看起来像小熊或小狼。包括尾巴在内，它们的体长可达0.9~1.2米。大多数袋獾的毛皮是黑色的，上面具有白色的斑纹，但有些个体体色为全黑的。

袋獾白天会睡在洞里或空心原木里等地方。到了晚上，它们则出来捕食小型动物。袋獾会吃任何它们能找到的动物尸体。

袋獾属于有袋类动物。有袋类动物是一类哺乳动物的统称，它们产下的幼崽很小。幼崽会在母亲身上的育儿袋里继续成长。这些幼崽会在那里生活大约15周，以母亲的乳汁为食并不断长大。

袋獾的数量正在急剧下降。它们主要受到疾病的威胁。

延伸阅读： 哺乳动物；有袋类动物。

袋獾

袋鼠

Kangaroo

袋鼠是一类习惯用自己的后腿蹦跳的毛茸茸的动物，原产于澳大利亚。

袋鼠属于哺乳动物，雌袋鼠会用乳汁喂养幼崽。袋鼠也属于有袋类动物。有袋类动物会产下体型十分微小的幼崽，大多数有袋类动物的幼崽在长大前，都生活在妈妈身上的育儿袋里。

最常见的袋鼠主要有两种，一种是红大袋鼠，一种是灰大袋鼠。成年雄性袋鼠和成年人类差不多高，雌性袋鼠的体型比雄性小。

袋鼠有小脑袋、尖鼻子和大耳朵，还有长长的尾巴和强壮有力的后腿。它们的跳跃速度可达48千米/时。袋鼠以植物为食。

延伸阅读： 哺乳动物；有袋类动物；沙袋鼠。

小袋鼠会在妈妈的育儿袋里度过它生命的头几个月。当小袋鼠离开育儿袋后不久，大多数雌袋鼠都会再生下一只小袋鼠。

袋熊

Wombat

袋熊是一类身体粗壮、善于挖洞的澳大利亚哺乳动物，体长可达1.2米，体重为14~34千克。

袋熊有三种，分别是普通袋熊、南澳毛吻袋熊和北澳毛吻袋熊。普通袋熊栖息于森林中，以草、小灌木和树根为食，身上具有厚厚的棕色皮毛。毛吻袋熊栖息于平原上，主要以草为食。

袋熊属于有袋类动物。就像其他有袋类动物一样，袋熊也会产下极小的幼崽。幼崽会被放进母亲肚子上的育儿袋里，在那里至少待六个月。袋熊的主要天敌是澳洲野犬。

袋熊是一类分布于澳大利亚的矮壮穴居动物。普通袋熊具有厚厚的棕色皮毛和小小的耳朵。

目前，袋熊的种群数量不断下降，主要原因是人们把它们的栖息地变成了农场和牧场。北澳毛吻袋熊正处于完全灭绝的危险中，它们主要受到那些被人类引入澳大利亚的牛羊的竞争而日益濒危。

延伸阅读： 哺乳动物；有袋类动物。

淡水螯虾

Crayfish

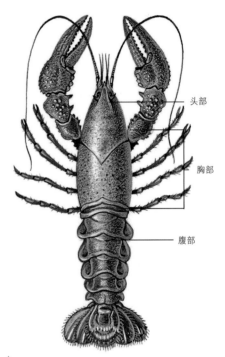

淡水螯虾

淡水螯虾是一类生活在湖泊、沼泽和溪流中的动物，也被称为小龙虾。它们和龙虾有紧密的亲缘关系。世界上现存的淡水螯虾有上百种，分布于亚洲、澳大利亚、欧洲和北美洲。大多数淡水螯虾体长约为5～15厘米。在世界上的一些地区，人们吃淡水螯虾。

淡水螯虾由一种称为外骨骼的硬壳保护着。生长过程中，它们会不时地蜕掉自己的外骨骼，由更大的新外骨骼取代。淡水螯虾的身体分为三个主要部分：头部、胸部和腹部。它们的头部和胸部很坚硬，腹部则具有可弯曲的部分。淡水螯虾有五对足，第一对是大螯。它们的腹部附着几个被称为游泳足的小型可再生结构。淡水螯虾以多种植物为食，也会取食鱼、螺类和蝌蚪。

延伸阅读： 甲壳动物；外骨骼；龙虾。

淡水鲈鱼

Perch

淡水鲈鱼是一类栖息在淡水中的硬骨鱼类，分布于美国、加拿大和欧洲等地。

世界上现存的淡水鲈鱼有几十种。其中诸如大眼梭鲈和黄金鲈这样较大的种类，是广受欢迎的食用鱼类。而许多体型较小的种类则称为镖鲈。

黄金鲈是一种著名的淡水鲈鱼，它们的体长为13～30厘米，体重可达1.8千克。在身体两侧具有黑色的条纹。

大眼梭鲈则是一种较大的鱼类，体长为30～90厘米，体重可达11千克。

延伸阅读： 镖鲈；鱼。

淡水鲈鱼是广受欢迎的食用鱼类。

淡水豚

River dolphin

淡水豚是一类栖息于淡水或略咸水环境中的海豚。分布于亚洲和南美洲温暖的河流和湖泊中。它们在某些方面不同于海洋中的海豚。例如，它们的吻部更长。由于生活在黑暗、泥泞的水中，它们的视力更差，活动也更少。淡水豚主要以鱼类为食。

最大的淡水豚的体长通常可达2.4米，但大多数淡水豚的体型较小。

世界上现存的淡水豚有好几种。亚马孙河豚分布在南美洲北部的河流中，几乎丧失视觉的恒河豚和印度河豚分布在印度北部和巴基斯坦的河流中，普拉塔河豚（也叫拉河豚）分布在南美洲东部的海岸和河流中，白鱀豚曾经分布于中国的洞庭湖等水域。

然而，科学家认为淡水豚有可能在21世纪的前期完全灭绝。人类活动对河流所造成的破坏，包括水污染，严重威胁着现存的淡水豚。

延伸阅读： 鲸豚类动物；海豚；濒危物种；鼠海豚。

淡水豚分布于亚洲和南美洲的温暖河流和湖泊中。它们具有长长的吻部，主要以鱼类为食。

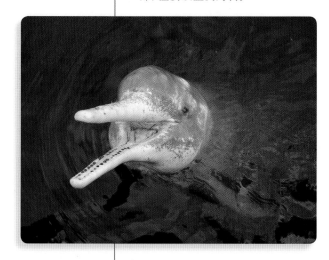

德国牧羊犬

German shepherd

德国牧羊犬是一种聪明的狗，它们经常会被训练为警犬或导盲犬。

德国牧羊犬是最有用的犬种之一，有忠诚、勇敢和聪明的性格。它们最初是作为牧羊犬而在德国培育起来的，如今经常充当警犬或导盲犬。世界各地的人们也会饲养德国牧羊犬作为宠物。

德国牧羊犬肩高约为60厘米，身形与狼有些相似，耳朵向上翘。它们的体色有黑色、棕褐色、浅棕色。

延伸阅读：狗；哺乳动物；宠物。

瞪羚

Gazelle

瞪羚是一类以优雅的身形和速度著称的食草动物。瞪羚是羚羊的一个类别，它们分布于亚洲和非洲的部分地区。瞪羚有大而黑的眼睛和窄而长的耳朵。大多数的雄性和雌性瞪羚都有圆形的黑色角。瞪羚的奔跑速度很快，这能帮助它们摆脱那些捕食者。瞪羚以各种各样的植物为食。

世界上现存的瞪羚有十多种。浅棕色的小鹿瞪羚肩高不足60厘米，栖息于沙漠里。葛氏瞪羚的角比其他瞪羚的都要长，可以长到76厘米或更长，葛氏瞪羚经常与斑马一起吃草。有些瞪羚目前有灭绝的危险，人类饲养的绵羊和山羊会取食瞪羚赖以生存的植物，而且人类也会捕杀瞪羚。

延伸阅读：羚羊；哺乳动物。

汤氏瞪羚是一种背部呈现黄褐色、身体下部呈现白色的羚羊，它们的身体两侧各有一条深色带，将身体上下不同颜色的部分相互隔开。

地懒

Ground sloth

地懒是一类生活在数百万至数万年前的大型动物，如今已经灭绝。最大的地懒体型与大象一样大，体长能达到6米。

地懒拥有巨大的骨骼、沉重的后腿和一条强壮的尾巴。与今天的树懒不同，地懒并不爬树。它们很可能会用后腿站立，以便够到高处的树枝，从而取食树叶。

这类动物的前腿上有长长的爪子。它们通过指关节行走，这样就使得脚的外缘着地。地懒的祖先可能会用它们长长的前爪悬挂在树上，但是地懒太重了，已经不能再完成同样的动作。地懒最初分布于如今的南美洲，它们在距今11500年前的末次冰期时扩散到了如今的美国。冰期是地球历史上大部分土地被冰覆盖的一个时期。

延伸阅读： 哺乳动物；古生物学；史前动物；树懒。

地懒的复原图

地松鼠

Ground squirrel

地松鼠是一类在地下挖洞筑巢的小型松鼠。地松鼠有很多种，著名的有花栗鼠、土拨鼠、草原犬鼠和美洲旱獭。地松鼠栖息于沙漠、草地、山地、大草原等区域。包括尾巴在内，地松鼠的体长为18~70厘米。它们的毛皮呈现黑色、棕色、灰色、红色或白色，有些还有斑点或条纹。

地松鼠只在白天活动。它们以各种各样的草、种子和昆虫为食。獾类、郊狼、雕和鹰都会以地松鼠为食。大多数地松鼠在秋季和冬季冬眠，长时间进入一种特殊的睡眠状态。一只雌性地松鼠每年春季会产下4~12只幼崽。

延伸阅读： 花栗鼠；哺乳动物；草原犬鼠；松鼠；美洲旱獭。

草原犬鼠是地松鼠的一员。

地震龙

Seismosaurus

地震龙是体型最大的恐龙之一，体长能达到约45米，体重约77吨。地震龙大约生活在距今1.5亿年前的北美洲西部。（地震龙目前被认为是一个无效命名，它可能只是一只体型较大的梁龙。）

地震龙身体庞大，脖子长，尾巴就像鞭子一样。这种恐龙用四条短腿走路，移动速度可能相当慢。地震龙以植物为食。科学家认为它们的钉状牙齿是用来剥树皮和树叶的。

延伸阅读：恐龙；古生物学；史前动物。

地震龙是体型最大的恐龙之一。

帝企鹅

Emperor penguin

帝企鹅用翅膀游泳而不是飞行。

帝企鹅是世界上体型最大的企鹅。成年个体通常身高1米，体重可达45千克。帝企鹅不会飞，它们会通过扇动翅膀游泳。

帝企鹅的背部和翅膀是蓝黑色的，它们的身体腹面呈现苍白色，并具有亮橙色的耳斑。

帝企鹅分布于南极洲。在整个冬天，它们会穿越海冰进行繁殖。雌鸟会在产蛋后返回大海，雄鸟则会用腹部使蛋保持温暖。这时的气温可能会低于−30℃。雄鸟们会挤在一起取暖，在蛋孵化出来之前，它们不会进食。

帝企鹅会潜入水中获取食物，它们主要以鱼、磷虾和鱿鱼为食。帝企鹅自身则会被海豹或虎鲸捕食。

延伸阅读：鸟；企鹅。

电鳗

Electric eel

电鳗是一种身体狭长、能发出强烈电流的鱼类。这种鱼会利用电击使猎物昏迷，还能通过放电摆脱攻击者。电鳗并不是真正的鳗鱼，它们与鲶鱼和鲤鱼的亲缘关系更近。

电鳗栖息于南美洲北部泥泞的河流中，例如亚马孙河和奥里诺科河。电鳗的体长可达到2.4米，身体呈现橄榄色，它们那又长又尖的尾巴约占全身长度的五分之四。电鳗的鳃后有两个小鳍，身体下面有一个长长的鳍。

电鳗

电鳗身上有三个放电组织，这些组织能够产生高达350～650伏的电，足以杀死一条小鱼，甚至能把人电晕。但实际上人类很少受到电鳗的伤害。电鳗也会产生弱许多的电流，它们用这些放电来感知周围的环境，并与其他电鳗交流。

电鳗以蛙类、小鱼为食，有时也会以鸟类和哺乳动物为食。在繁殖期，雄电鳗会建造和守卫自己泡沫状的巢，雌电鳗则把卵产在这个巢中。同时，雄电鳗会在幼体孵化后的几周内将它们放在自己嘴里进行守护，雄电鳗在此期间甚至不进食。

貂

Marten

貂是一类身形纤细、毛茸茸的哺乳动物，看起来像是大型的鼬。它们栖息于亚洲、欧洲和北美洲的山脉和森林里。

美洲貂是其中一种。它们分布于北至阿拉斯加的落基山脉。美洲貂的毛皮很厚，呈金棕色。它们具有深色的足部和浅色的面部。喉部和胸部会有一块橙色的斑块。美洲貂的体长可达66厘米，体重为0.9～1.4千克。美洲貂以老鼠、兔子、松鼠和鸟类为食。

　　欧洲有两种貂，分别为石貂和松貂。石貂的喉部和胸部具有白色的毛皮，松貂的相同部位则具有黄色的毛皮。

　　人们有时会诱捕貂类获取毛皮。这些毛皮会被用来制作外套、帽子和其他物品。

　　延伸阅读： 哺乳动物；紫貂；鼬。

貂是鼬科动物的一员。

雕

Eagle

　　雕是一类体型硕大而可怕的鸟类。雕属于猛禽，它们捕食其他动物。世界上现存的雕大约有60种，大多分布于非洲和亚洲，不过白头海雕和金雕在美国和加拿大有分布。

　　雕有钩状的喙和爪子，它们会用爪子杀死猎物，并把猎物带回到巢里。它们在高大的树上或悬崖顶上筑巢。雕是强有力的飞翔者，可以在不扇动翅膀的情况下飞很长的距离。它们的视力极好，在高空也能看到地面的猎物。雕以各种动物为食，它们的猎物包括鸟类、鱼类、兔子和诸如地松鼠等各种啮齿动物，雕有时也会攻击较大的猎物，例如小鹿或小羊，它们也会以动物的遗骸为食。

　　白头海雕是美国的国鸟，它们的头上覆盖着白色的羽毛。在世界许多地区，法律保护雕类免遭人类的猎杀。

　　延伸阅读： 鸟；猛禽。

白头海雕作为美国的国鸟，是美国的国家象征。

鲷鱼

Snapper

　　鲷鱼是一类分布于太平洋和大西洋较温暖区域的重要食用鱼。世界上现存的鲷鱼有数十种。

　　在大西洋海域，鲷鱼主要栖息于美国佛罗里达半岛周围和加勒比地区。在太平洋海域，它们主要栖息在围绕岛屿的珊瑚礁以及菲律宾附近。鲷鱼的栖息地很靠近海岸，它们通常喜欢生活在岩石众多的区域。

　　鲷鱼的体长可达60～90厘米。它们的背部高耸，身体两边则呈扁平状。它们的嘴很大，里面有坚固的牙齿。

　　鲷鱼可能是红色、绿色或有条纹的，身体两侧经常带有黑斑。一些鲷鱼的肉可能会因为它们所取食的食物而带有毒性。

　　延伸阅读： 鱼。

红鲷鱼通常成群游动。

蝶蛹

Chrysalis

　　蝶蛹指的是包裹着正在发育的蝴蝶的外壳，形成于蝴蝶生命周期的第三阶段，这一阶段称为蛹期。

　　蝴蝶的生命以卵作为开端。卵会孵化成蠕虫状的幼虫。幼虫大部分时间都在进食和成长。当完全长大后，幼虫通常会织出一小块丝垫，并用自己身体后方的小钩子悬挂到这块丝垫上，随后它会蜕皮。一个闪亮的外壳便会围绕在幼虫身体周围，这个壳就是蝶蛹。在蝶蛹里，毛虫会变为蝴蝶。之后它会将蝶蛹打开，并展开自己崭新的翅膀。

　　许多其他昆虫也经历蛹期，但与蝶蛹的这种状态不同。例如，蛾在蛹期会形成茧，但是茧是由坚韧的丝组成的，这与蝶蛹的硬壳形态不同。

　　延伸阅读： 蝴蝶；毛虫；变态发育；蛹。

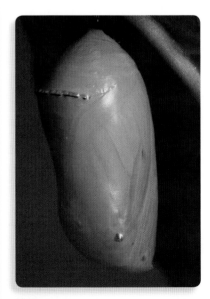

蝶蛹

冬眠

Hibernation

冬眠是某些动物在冬季休眠，生命活动处于极度降低的一种状态。有些动物会冬眠以减少对食物的需要。冬眠动物的体温会低于正常状态，它们的心跳和呼吸也会减慢。冬眠动物对能量的需求较少，它们可以靠储存在体内的脂肪生存。冬眠有助于动物在食物稀少的冬季生存。

许多动物都会冬眠，如蝙蝠、松鼠、仓鼠、蜥蜴、蛇、乌龟和青蛙等。

延伸阅读：两栖动物；哺乳动物；爬行动物。

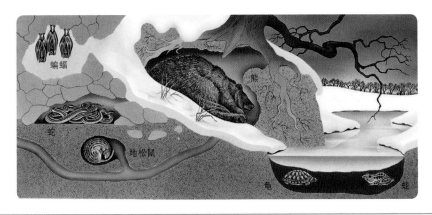

许多不同种类的动物冬天都会冬眠。

鸫

Thrush

鸫是一类鸣禽。鸫、蓝鸲都属于鸫科。

鸫生活在树林中，它们会花很多时间在地面活动。在世界上的许多地方都有鸫的分布。每当冬天临近时，它们通常会飞到温暖的国家。

北美洲最著名的鸫是旅鸫。另一种常见的鸫叫棕林鸫，棕林鸫的上半身呈红棕色，胸部和两侧具有斑点。这种鸟在美国东部和加拿大东南部繁殖，在中美洲过冬。棕林鸫会在灌木或树上1.5～6米处筑巢。

其他常见的北美鸫类包括棕夜鸫、隐夜鸫、杂色鸫和斯氏夜鸫。

延伸阅读：鸟；蓝鸲；旅鸫。

棕林鸫的胸部具有白色斑点，上半身呈红棕色。

动物

Animal

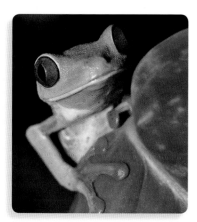

树蛙是一类能够通过脚趾上的吸盘攀爬树木的动物。

动物是生活在地球上的一大类生物，它们的形状和体型多种多样，遍布世界各地。动物或行走，或爬行于地面，抑或在泥土中挖掘穿行；有些动物在水中游泳，有些在空中飞翔，有些甚至生活在其他动物体内。

科学家将生物分成不同的界，包括动物界、植物界、真菌界、原生生物界、细菌界和古菌界。大多数动物的体长不超过2.5厘米，有些实在太小了，只能通过显微镜才能看见它们。最大的动物是蓝鲸，长达30米，相当于五头大象站成一排的长度。

动物与其他生物在许多方面都不同。例如，动物的身体是由许多细胞构成的。细胞是任何生物体最小的身体结构。古菌、细菌和大多数原生生物都是由单细胞构成的，动物、植物和真菌是由多细胞构成的。大多数动物能够移动，植物和真菌无法移动。

没有人确切知道地球上到底有多少种动物。到目前为止，科学家已经分类并命名了超过150万种动物，其中超过一半是各种昆虫。每年都有许多新的物种被发现。科学家相信现在可能还有200万～5000万种动物存活着。许多曾经生活在地球上的动物都已经灭绝了，包括渡渡鸟。

动物的分类方法很多。人们通常根据动物共有的特性或特征进行分类。例如，可以根据动物是否居住在陆地或水中进行分类，也可以根据动物腿的数目进行分类，还可以根据动物移动的方式进行分类。不同的动物有些会飞行，有些会游泳、会爬行、会奔跑、会跳跃等。

有些动物属于变温动物，它们的体温能改变，从而与周围环境的温度保持一致。还有一些属于恒温动物，即使周围环境的温度改变，它们的体温也能一直保持不变。

还可以根据动物是否具有脊椎对它们进行分类。脊椎动物具有脊椎骨，无脊椎动物则没有脊椎骨。大多数动物都属于无脊椎动物。

科学家通过动物共有的特性对动物进行分类。因为一些动物拥有共同的祖先，所以它们会拥有一些共

美洲狮分布于西半球，它们生活于沙漠、草原、沼泽、热带雨林和山地。

同的基本特质。

这种分类方法称为科学分类法。分类时，科学家将动物分成数量逐级变少的分类阶元。这些分类阶元的共有特性逐级变多。

所有的动物都属于动物界。每一种动物都会被归入"门"，每个门又分为不同的"纲"，纲再分为"目"，目再分为"科"，科再分为"属"，最终属再分为"种"。同一物种的成员非常相像。

对于某一类型的动物来说，可能存在数以千计的不同物种。例如，哺乳动物的种类就有大约4500种。其中每一种都属于一个门、一个纲、一个目、一个科和一个属。例如，虎这个物种属于动物界、脊索动物门、哺乳纲、食肉目、猫科、豹属。

几乎在地球上的任何地方都能找到动物。动物生活的地方称为生境。每一个生境都生活着许多不同的动物。大多数情况下，同一种动物在相应的生境中已经生活了几千年。随着时间的流逝，这种动物的身体和生活方式都发生了改变，这些变化能帮助它们在相应的生境中生存。

没有一种动物能够在所有的生境中存活。例如，亚马孙流域的热带鱼能很好地生活在温暖的水体中，但是却无法存活于安第斯山脉寒冷的溪流中。

如今，许多动物正处于灭绝的危险中。在过去200年间，数以百计的鸟类、兽类和其他动物已经灭绝。大多数物种的灭绝是由于人类活动导致的。成千上万的物种正处于灭绝的危险中，许多人正致力于帮助这些动物生存下去。

延伸阅读： 两栖动物；无性生殖；鸟；食肉动物；科学分类法；变温动物；鱼；生境；食草动物；无脊椎动物。

巨嘴鸟是一类具有能够取食坚果的巨大喙的动物。

原产于美洲的负鼠是有袋类动物。有袋类动物会将幼体放在自己的育儿袋中哺育，直到它们发育成熟。

艳丽的红色指状海绵和棕色管状海绵是栖息于珊瑚礁区域的水下动物。

制作属于你自己的动物艺术品

你需要准备：

- 水彩画颜料
- 画笔
- 2 只小泡沫塑料杯
- 3 只大泡沫塑料杯
- 纸板
- 绳子
- 打孔机
- 胶水
- 剪刀

在这里你将学会如何创造属于你自己的异国动物，你可以在墙上展示你的动物艺术品，或做一个折叠水族馆。制作本页所展示的动物，或者创作一个全新的。

制作一只小鸟：

1. 将两只小杯子粘在一起，制作鸟的头部。胶水风干后，在右边的杯子上画上眼睛，在左边的杯子上画上喙部。
2. 将两只大杯子粘在一起，制作鸟的身体。胶水风干后，用短线条画出羽毛和翅膀。
3. 剪去第三只大杯子的底部，粘在小鸟身体的底部，作为支架。胶水风干后，在支架上画上小鸟的脚。

把动物挂起来：

1. 从纸板上剪下一个大的椭圆形或三角形。
2. 在剪下的纸板左右两侧各打一个洞，用一根绳子把洞连接起来。
3. 在纸板上画上虎、狐狸或其他动物的脸。
4. 用绳子将画挂在墙上。

一起去游泳：

1. 在一块大纸板上画出海底的场景，可以画真实的海洋生物，也可以进行自我创造。
2. 将纸板一折三，这样它就像折叠屏风一样站起来了。

在你的房间里创建一个野生动物园，展示你所幻想的生物吧。

活 动

跟踪动物

当动物经过它们的栖息地时，会在身后留下痕迹。寻找动物足迹最好的地方是烂泥地、潮湿的沙地或雪地。这些地方的地表很柔软，足以保持足迹的形状。

你可以在你生活的区域内记录动物足迹日志。一旦发现了动物的足迹，绘制它们的形状，并记下任何发现的细节。

要做些什么？

1. 在你家小区内寻找足迹，或者请一位成年家庭成员带你前往附近的公园。

2. 当你发现了动物的足迹，尝试回答以下这些问题：

这是什么动物的足迹？
这只动物去哪里了？
是否有一只以上的动物个体？
附近有这类动物的食物或水吗？
附近可能有这种动物的庇护所吗？
这些足迹之间间隔大吗？如果是的话，这只动物可能在奔跑。
足迹是大还是小？这可能告诉你这只动物是成年个体还是幼体。

你能分辨出哺乳动物和其他动物，如鸟类或爬行动物足迹的区别吗？当你赤脚的时候，能踩出什么样的足迹呢？

你需要准备：

- 笔
- 笔记本

蛇用它们强壮的身体推开沙子，并留下痕迹。

⚠ 绝不要接近野生动物。

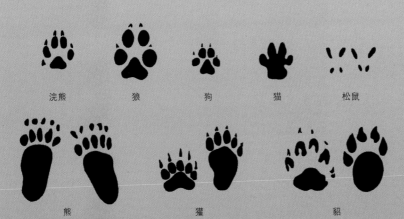

浣熊　狼　狗　猫　松鼠

熊　獾　貂

动物标本剥制术

Taxidermy

动物标本剥制术是一种用来保存动物尸体、展示动物生前样子的方法。自然历史博物馆经常会展示用这类方法制作的动物标本。

动物标本剥制师首先会测量动物的尸体，然后他们会小心地剥离动物的皮肤，并用化学药品处理以防止皮肤腐烂。然后他们会绘制出动物的身体形象。接下来，他们会以绘制出的图画为蓝本，用石膏、纸浆、粗麻布或网丝制作动物的身体模型。最后，他们把皮肤蒙在制作的模型上，缝合并粘在一起。他们会用特殊的材料制造眼睛、舌头和其他特殊部位。

动物标本剥制师正在制作一个鸟类标本。许多自然历史博物馆在展品中都会使用这样的动物标本。

动物群

Fauna

动物群能够指代动物。一个地区的动物群包括栖息在那里的所有动物。它在意思上与植物群相似，植物群是指一个地区的所有植物，这两个词经常一起使用。例如，科学家会用北美的动物群和植物群来指代北美的动物和植物。这两个词也会在讨论地球历史上一个特定时期时，指代那个时期的动物和植物。

延伸阅读： 动物。

动物群中的虎，周围生长着植物群中的植物。动物群和植物群是用来指代动物和植物的词汇。

动物学

Zoology

　　动物学是研究动物的学科。动物学家研究动物如何进食、睡觉、玩耍、交配和繁育后代。动物学家观察动物如何互动、如何适应周围环境，还试图了解不同种类的动物是如何相互联系的，以及一些动物是如何随时间而发生变化的。

　　一些动物学家在动物园工作，另一些则在大学、研究中心和博物馆的现代化实验室工作。许多动物学家在野外研究动物。这些研究可以在野生动物保护区、丛林、海洋或野生动物生活的任何其他地方进行。动物学是由许多学科组成的，这些学科可能涉及一类特定的动物。例如，昆虫学是研究昆虫的学科，昆虫是最大的动物类群。

　　动物学在许多方面对人类有帮助。人类许多身体部位的运作方式和其他动物一样，所以动物学家经常研究动物以更好地理解人类的健康和医学。动物学家也试图找到控制有害昆虫和其他动物的方法。

　　延伸阅读：生物学；生态学；昆虫学；古生物学；兽医学。

一位动物学家正在野外研究獴。

动物学家准备给一只鸟上环志（在野生鸟类的腿上放置金属识别环）。这能使科学家追溯鸟类的生活史。在一些地方，杀虫剂以及人类对鸟类栖息地的破坏减少了鹦的种群数量。

许多动物园的特点是展区面积很大，看起来像动物在野外的家。美国北卡罗来纳动物园北极熊展区能让游客看到动物在水下的样子。

动物园

Zoo

动物园是人们饲养和展出动物的地方。

许多大型动物园饲养着来自世界各地的哺乳动物、鸟类、爬行动物和鱼类。只有鱼和其他水生动物的动物园称为水族馆。

动物园具有娱乐、教育、保护野生动物和研究动物的重要职能。动物园帮助人们了解动物如何生活，还为一些濒临灭绝的野生动物提供了一个安全的栖居之地。有些动物园设有专门供儿童触摸或抚摸特定动物的区域。

过去，动物园通常把动物关在笼子里。现在，动物展区不仅面积比原来大了，而且常常建的就像动物在野外的家园一样。这些展区里有岩石、草、沙子、树，还有可供动物隐蔽的场所。

每天，受过训练的饲养员都照料着动物园里的动物，满足它们的各种需要。饲养员喂养这些动物，并清理它们的生活区域。大多数大型动物园都至少有一名兽医。兽医给动物注射疫苗以保护它们免受疾病侵袭，并照顾生病的动物。

许多动物园除了动物展示区之外，还有美丽的园林景观。动物园通常还有礼品店、饭店和一些供人们了解自然的科普场馆。

延伸阅读： 水族箱；濒危物种；兽医学；动物学。

有些动物园允许游客近距离观察长颈鹿。

动物园致力于保护那些濒危动物。在这张照片中，一名动物园管理员正在给企鹅称重，收集数据以帮助保护濒危物种。

洞角

Horn

洞角是动物头部又硬又尖的衍生物。牛、绵羊、山羊和许多其他动物都有洞角。大多数有洞角的动物都有两个洞角。在许多有洞角的动物身上，雄性和雌性两者都长洞角。许多洞角都呈现弯曲的状态，动物可以用洞角作为武器保护自己免受攻击。雄性用洞角来争夺配偶。

大多数洞角都有骨核，骨核是头骨的一部分，外面覆盖着一层皮肤。

鹿类也有长得和洞角很像的衍生物，但它们不是真正的洞角，而被称为鹿角。鹿角通常会脱落并重新长出来，而长洞角的动物则一生都长着角。

延伸阅读： 鹿角；牛；鹿；山羊；蹄；绵羊。

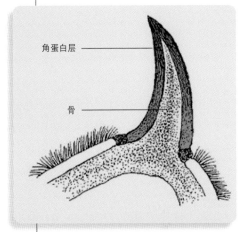

洞角被坚硬的、富含角蛋白的皮肤所覆盖。角蛋白是一种能使角变得坚韧和强壮的蛋白质。

得克萨斯州的长角牛最早是由西班牙殖民者引入北美干旱地区的。

斗牛犬

Bulldog

　　斗牛犬是一个体型中等的犬种，身形厚实、重心较低。它们的头部很大、面部很短，有宽阔的肩膀和结实的腿。斗牛犬的体重为18～23千克。它们的体色可能是灰色的、褐色的、棕黄色的、红色的或白色的，并带有条纹或斑点。在英国，斗牛犬曾被用于诱捕公牛和熊，直到这项运动在1835年被禁止。

　　斗牛犬是习性温顺的犬种之一，如今它们是极好的宠物。

　　延伸阅读： 拳师犬；狗；哺乳动物。

斗牛犬

杜宾犬

Doberman pinscher

　　杜宾犬是起源于德国的一个犬种，其名字来源于德国的一位犬类饲养员杜宾（Louis Dobermann），他于19世纪末首先培育出杜宾犬。

　　杜宾犬强壮有力，它们的奔跑速度很快，也很警觉，而且通常无所畏惧。杜宾犬可以作为良好的护卫犬和警犬，也是友好、忠诚的宠物。

　　杜宾犬有一身短而光滑的毛皮。它们的体色呈现黑色、蓝色、红色或浅黄褐色，被毛也可能有锈色斑纹。雄性杜宾犬的肩高为66～71厘米，雌性的肩高为61～66厘米。

　　杜宾犬的主人常会在它们年轻的时候剪短它们的尾巴，并重塑耳朵。

　　延伸阅读： 狗；哺乳动物；宠物。

杜宾犬是一种高大、英俊的狗，它们很警觉，通常无所畏惧。由于这个原因，它们经常会被用作护卫犬。

杜鹃

Cuckoo

杜鹃是一类以其叫声著称的鸟。杜鹃的种类有好几种，其中一种的叫声就像"布谷"声，所以它们也被称为布谷鸟。杜鹃在世界上的大部分地区都有分布。

杜鹃长长的喙部有时会略有点弯曲。它们的脚趾两个向前、两个向后。北美洲常见的杜鹃有两种，一种是黑嘴美洲鹃，一种是黄嘴美洲鹃。它们的体长约为30厘米，有棕色的背部和白色的胸部。

有些杜鹃会把自己的蛋产在其他鸟类的窝里。它们会飞走，留下幼鸟让其他鸟类照顾，幼年杜鹃通常会毁坏巢中的其他蛋并杀死雏鸟。

延伸阅读：鸟；走鹃。

杜鹃以其独特的叫声而闻名。

渡渡鸟

Dodo

渡渡鸟是一种已经灭绝的鸟类，它们与鸽子有亲缘关系。渡渡鸟于1680年左右灭绝。

渡渡鸟的体型和大型火鸡差不多。它们不能飞行，腿很短，喙很大，翅膀粗短，尾部的羽毛卷曲呈现簇状。渡渡鸟分布于印度洋毛里求斯岛上。繁殖期时，它们会在地上产下一枚蛋。

人类的行为导致了渡渡鸟的灭绝。欧洲的水手们捕杀这种鸟作为食物。15世纪时，水手们还把猪和猴子带到了毛里求斯，这些动物毁坏渡渡鸟的蛋，并捕食雏鸟。

延伸阅读：鸟；灭绝；鸽。

渡渡鸟原产于印度洋毛里求斯岛，欧洲人把猪引入该岛破坏了渡渡鸟的蛋，导致了这种鸟的灭绝。

渡鸦

Raven

渡鸦是一种大型黑色鸟类,属于乌鸦类,分布于整个北半球,北至北极,南至尼加拉瓜。

渡鸦的体长为56~70厘米,翼展可达90厘米,羽毛上具有蓝绿色或紫蓝色的光泽。

渡鸦的叫声沙哑低沉。渡鸦以昆虫、蠕虫、幼鸟、蛙类和其他小型动物为食,也会取食浆果、谷物和动物残骸。

渡鸦在悬崖或树上筑巢。鸟巢的外部由树枝、泥土和草组成,内部则是一股股纤细的毛发和植物纤维。雌性渡鸦每次会产下3~6枚卵。

延伸阅读: 鸟;乌鸦。

渡鸦属于乌鸦类,是非常聪明的鸟类。

短触角蝗虫

Locust

短触角蝗虫是蝗虫中的一个类群。它们以大量聚集而闻名,这些蝗虫会集群在乡间行进,对农作物和其他植物造成巨大的危害。它们分布于除南极洲以外的每一个大陆上。

大多数短触角蝗虫的体长约5厘米。它们有长长的后腿和四个翅膀。短触角蝗虫只有在许多雌虫产卵后才会迁徙。当幼虫孵化时,它们会待在一起,并与其他成群的幼虫相遇,形成新的群体。有些蝗虫群包含数百万只蝗虫。它们在任何地方着陆,会吃掉并破坏当地的植被。蝗虫群能发出和飞机一样嘈杂的噪音,这样的群体甚至能够遮挡住阳光。

延伸阅读: 蝗虫;昆虫;有害生物。

短触角蝗虫有大大的头部和眼睛以及短短的触角。它还有四个翅膀,当不飞的时候,可以折叠在背上。

短尾猫

Bobcat

短尾猫是美国最常见的野生猫科动物。成年短尾猫体重可达11千克，体长可达115厘米。雄性短尾猫比雌性的体型更大更重。

短尾猫得名于它们的尾巴，它们的尾巴短而粗。它们的毛色可以是灰色的、棕褐色的，也可以是红棕色的，上面具有黑色条纹或斑点。它们的耳尖具有被称为簇绒的尖毛。

短尾猫主要分布在美国西部，也会出现在加拿大南部和墨西哥。短尾猫栖息于沙漠、沼泽、山区和森林地带。它们在夜间最为活跃。短尾猫主要以鸟类、兔子、鼠类和幼鹿为食。每年春季，雌性短尾猫会生2~3只小猫。

延伸阅读： 猫；哺乳动物。

短尾猫原产于从加拿大南部到墨西哥的北美洲西部地区。

短吻鳄

Alligator

短吻鳄是一类与鳄相似的爬行动物。目前有两种不同的短吻鳄。密西西比鳄生活在美国的东南部，偏爱湿地和其他地势较低的潮湿区域，扬子鳄生活在中国长江流域下游。

短吻鳄拥有厚实的身体和尾巴，皮肤很粗糙，四肢又短又强壮，通过左右摇摆强壮的尾巴来游泳。它们的眼睛位于头部上方，这样即使身体在水下，眼睛也依然能够视物。短吻鳄拥有强壮的下颚，并长有许多尖锐的

密西西比鳄原产于美国东南部，在佛罗里达州尤为常见。

牙齿。

最大的雄性短吻鳄体长约3.7米，重约200~250千克，雌性则略小。

短吻鳄主要以包括鱼、蛙、蛇、龟在内的小型动物为食，有时也捕食一些鸟类。大型的雄性短吻鳄能够捕食体型更大的动物，包括羊、狗和猪。短吻鳄通常用自己强壮的下颚抓捕猎物，然后将猎物拖至水下，直至其淹死。

雌性短吻鳄会在潮湿的草地上，利用植物筑起一个很大的巢穴。它们一次能产下20~60枚卵。这些卵比鸡蛋略大。幼崽通常会在九周之后出壳。短吻鳄能存活50~60年。

短吻鳄与鳄的亲缘关系很近，但是它们在某些方面又不一样。例如，鳄的吻部更为狭窄，闭合时，下颚的第四颗牙齿是露出来的。而当短吻鳄的吻部闭合时，第四颗牙是不露出来的。

人们曾大肆屠杀短吻鳄，使得它们濒临灭绝。人们猎杀这些短吻鳄，既为了食用，也为了获取它们的皮张。如今它们的数量已经开始恢复，人们会人工饲养这些短吻鳄。

多利

Dolly

多利是第一只被人工成功克隆的哺乳动物。克隆生物是另一种生物的复制品，它具有与原来的生物相同的基因。多利在遗传学上是另一只成年绵羊的复制品。

多利诞生于1996年7月，2003年2月因患肺病而死亡，它的寿命只有大多数绵羊的一半。

1997年2月，英国科学家维尔穆特宣布了多利的存在，维尔穆特在苏格兰爱丁堡领导了一个研究小组。在1997年以前，科学家还没有成功克隆出任何成年的哺乳动物。

延伸阅读：克隆；基因；遗传学；绵羊。

多利是第一只克隆动物，诞生于1996年。目前它的标本陈列在苏格兰国家博物馆。

E

蛾

Moth

蛾是一类与蝴蝶很相像的昆虫。几乎所有的蛾都具有两对翅膀，包括一对大的前翅和一对小的后翅。蛾通过一个叫作喙的长管吸食食物。蛾具有大大的眼睛和两根羽毛状的触角，这些触角具有触觉和嗅觉作用。世界上现存的蛾有很多种。

除海洋外，蛾分布于世界各地。它们能够栖息在炎热的热带雨林，甚至栖息在北极的冰盖上。蛾的体型大小不一。最大的翼展约为30厘米，最小的翼展约为0.3厘米。

与蝴蝶一样，蛾从幼虫到成虫也会发生变化。只有成虫阶段才具有翅膀。蛾的雌性成虫会产下许多小小的卵，并孵化成毛虫。大多数毛虫几乎全天都在取食植物，而且生长得很快。有些蛾会进行冬眠，而且要花很多年才能变为成虫。

蛾与蝴蝶有好几处明显不同。大多数蛾在夜间飞行，而蝴蝶则在白天飞行。蝴蝶具有棍棒般的触角，而蛾则不是这样。许多雄蛾具有比雌蛾更大的触角。而在蝴蝶中，雄性和雌性的触角大小相同。

一些蛾的身体颜色鲜艳，而且后翅上具有"眼斑"，看起来就像一个更大动物的眼睛。这些眼斑有助于吓退捕食者。

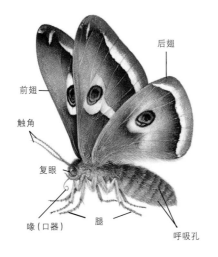

后翅

前翅

触角

复眼

喙（口器）　腿

呼吸孔

蛾的身体有三个主要部分：（1）头，（2）胸，（3）腹。头承载着主要的感觉器官和喙（口器），胸则支撑着翅膀和腿，腹则包含着内脏。在腹和胸两侧，具有一系列称为呼吸孔的小洞，直接通向呼吸系统。

　　有些蛾是有害的，因为它们会对树木、食物、植物和衣服造成危害。有些蛾则对人有益。例如，蚕蛾的幼虫能够为人类提供蚕丝。

　　延伸阅读： 蝴蝶；毛虫；茧；舞毒蛾；昆虫；变态发育；蚕蛾。

世界上有超过10万种蛾。下图展示了蛾类中最大的6个科的代表物种。图中所展示的所有蛾是分布在北美洲的种类。每种蛾的成虫下都有它的幼虫形态。

大蚕蛾和皇蛾

大蚕蛾和皇蛾的身体通常颜色鲜艳，并且后翅上具有"眼斑"，看起来就像是大型动物的眼睛。这些眼斑有助于吓跑捕食者。

天蚕蛾和它的幼虫

尺蛾

尺蛾的幼虫称为尺蠖，尺蠖的爬行方式是把身体在空中环起，然后伸展前腿使身体伸直。尺蠖会对树木造成严重的危害。

秋尺蛾和它的幼虫

毒蛾

毒蛾的背上长有簇状长毛。它们的幼虫以树叶为食，每年都会毁坏美国东部的大片森林。成年毒蛾不具备功能性的口器，因此不能进食。

舞毒蛾和它的幼虫

天蛾

天蛾的飞行技巧灵活，振翅迅速，经常被误认为是蜂鸟。

白纹天蛾和它的幼虫

夜蛾

夜蛾具有一对特殊的听觉器官，可以听到蝙蝠发出的高频声音。一听到蝙蝠的声音，夜蛾就会以不规则的路线飞行，以避免被蝙蝠捕食。

夜蛾和它的幼虫

虎蛾

虎蛾的毛虫以包括有毒植物在内的植物为食。这些毒素会留在它们体内，直到它们变为成虫，这可以帮助它们免受其他动物的捕食。

大虎蛾和它的幼虫

鹗

Osprey

　　鹗是一种以鱼类为食的大型鸟类。翅膀展开接近1.8米，体长约为60厘米。鹗会从30米的高度扎入水中觅食。它们栖息于河流、湖泊和海湾附近。栖息于北方地区的鹗经常会迁徙到温暖的地方过冬。

　　鹗的头部为白色，头顶有深褐色纵纹。身体下部为白色，并具有一些深褐色的条纹。鹗会在树上、岩石上、矮树丛或地上筑巢。所筑的巢可高达1.8米。它们会用海藻、树枝、骨头或旧木筑巢。

　　延伸阅读： 鸟；鹰。

鹗

鳄

Crocodile

鳄原产于非洲、澳大利亚、印度、西印度群岛、中美洲和南美洲。

　　鳄是体型最大的爬行动物类群。鳄类具有鳞片状的皮肤，它们属于变温动物，体温会随着周围环境温度的变化而变化。世界上现存许多种鳄，分布于世界各地温暖而流速缓慢的水域里。鳄与短吻鳄之间亲缘关系很近，它们长得也很像。但是大多数鳄都有尖尖的嘴，而大多数短吻鳄则有圆形的嘴。而且当鳄闭上嘴的时候，它们的第四颗下牙会露出来。一般来说，鳄比短吻鳄体型更大。

鳄的身体很长，腿很短。它们有一个强有力的长尾巴，通过左右摇动尾巴游泳。它们有一张大嘴，里面有锋利的牙齿。鳄的眼睛和鼻孔位于头顶，所以当潜在水面下时，也能看到水面上的物体并进行呼吸。

大多数鳄类在水中或在水边生活。它们通常会藏在水下，当猎物靠近时，鳄会向前猛冲，用它强有力的下颚抓住猎物，然后把猎物拖到水下淹死。

鳄会产下具有皮革状外壳的卵，它们把卵藏在沙子里或植物做的窝里。和许多爬行动物一样，鳄会照顾自己的幼崽。

人类已经杀死了众多的鳄类，用它们的皮做鞋和钱包。捕猎行为几乎使一些种类的鳄濒临灭绝。目前鳄类在世界许多地方都受到法律的保护。

延伸阅读： 短吻鳄；爬行动物。

尼罗鳄

鸸鹋

Emu

鸸鹋是一种分布于澳大利亚的不会飞行的大型鸟类。鸸鹋的奔跑速度很快。鸸鹋的腿和脖子都很长，所以它们比大多数鸟类都要高。鸸鹋大约有1.7米高，在鸟类中，只有非洲鸵鸟比它们高。鸸鹋有浓密的棕黑色羽毛，它们的小翅膀隐藏在羽毛里。

雌性鸸鹋会在一个由草和树叶组成的扁平巢内产下8~10枚绿色的卵。几只雌鸟也有可能在同一个巢里产卵。雄鸟会卧在卵上直到孵化。鸸鹋以水果和其他植物为食。鸸鹋一直被作为澳大利亚的象征。不过由于它们会吃农作物，还会破坏羊圈，所以农民们总是认为鸸鹋是有害的。

延伸阅读： 鸟；鸵鸟。

鸸鹋是原产于澳大利亚的动物，不会飞。就像鸵鸟一样，鸸鹋的奔跑速度很快。

反刍动物

Ruminant

　　反刍动物是一类会进行反刍的食草动物。反刍是指某些动物将半消化的食物从胃里返回嘴里再次咀嚼。羚羊、骆驼、牛、鹿、长颈鹿、家羊驼、羊都属于反刍动物。

　　反刍动物具有分开的蹄（偶蹄）和复杂的胃。反刍动物的胃总共有四个部分。胃里的微生物能够帮助反刍动物消化像草这样坚硬的植物。反刍动物会用臼齿咀嚼食物并将其吞下。当食物通过胃的时候，它们会形成柔软的反刍物。胃会把这些反刍物送回动物的嘴里。动物会重新咀嚼，随后再次吞下。食物最终进入胃的第四部分，在那里被完全消化。

　　延伸阅读： 羚羊；骆驼；家牛；鹿；长颈鹿；蹄；牲畜；家羊驼；哺乳动物；牛；绵羊。

鹿类属于反刍动物。所有反刍动物都会反刍那些部分消化的植物。

飞蜥

Flying dragon

　　飞蜥是一类蜥蜴的通称，它们分布于东南亚。实际上飞蜥并没有真正在飞，它们其实是在滑翔。这些蜥蜴会通过伸展皮肤褶皱形成"翅膀"，这些"翅膀"就像帆一样，使飞蜥在从一棵树跳到另一棵树的过程中，身体保持在空中。这类蜥蜴展开"翅膀"能够滑翔9米远。雄性飞蜥也会展开色彩鲜艳的"翅膀"来吸引雌性的注意。当休息的时候，飞蜥会把自己的"翅膀"折叠在身体两侧。

　　世界上现存的飞蜥有十多种。它们的体长约为20厘米。飞蜥栖息在树上，并在那里寻找昆虫为食。

　　雌性飞蜥每胎会产下1~4枚卵，它把这些卵埋在土里孵化。

　　延伸阅读： 蜥蜴；爬行动物；翅膀。

飞蜥

鲱鱼

Herring

　　鲱鱼是世界上最重要的食用鱼类之一。它们与沙丁鱼有亲缘关系。鲱鱼的身体上部为蓝绿色至黑色，身体侧面为亮银色，身体下部为白色。鲱鱼以磷虾等小型动物为食。鲱鱼是鲸类、海豹和鸥类等各种海洋动物的食物。鲱鱼分布于北大西洋和北太平洋。

　　渔民用大型网具捕捉鲱鱼。鲱鱼有许多不同用途，它们中的大部分会被冷冻起来用作大比目鱼和鳕鱼的诱饵，鲱鱼会被制成肥料，它们的油脂还具有机械工业用途。人们也会吃鲱鱼。

　　延伸阅读：鳀鱼；鱼；渔业；沙丁鱼；西鲱。

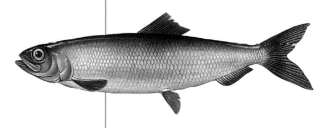

太平洋鲱鱼栖息于太平洋的北部水域。

肺鱼

Lungfish

肺鱼是一类能够离开水的鱼。

　　肺鱼是一类鳗鱼形状的鱼类，它们既能够在水中呼吸，也能在干涸环境中用鱼鳔呼吸空气。世界上现存的肺鱼有好几种，它们分布于非洲、澳大利亚和南美洲。

　　肺鱼是已知的最古老的鱼类之一。科学家发现了距今约4亿年前的肺鱼化石。事实上，科学家认为肺鱼的近亲是第一批在陆地上生活的脊椎动物，这些动物正是两栖动物、鸟类、哺乳动物和爬行动物的祖先。

　　有些肺鱼会在旱季挖洞并钻进泥里，它们会一直待在那里，直到再次降雨，这个阶段称为夏眠。

　　肺鱼主要以小鱼、蛙类和螺类为食。雌性肺鱼以产卵的方式繁殖。

　　延伸阅读：鱼；化石；史前动物。

狒狒

Baboon

狒狒是一类大型猴类。它们拥有大大的头部和像犬类一般的吻部。它们的部分牙齿长而锋利。有些种类的狒狒具有长长的尾部，还有些种类只具有短尾。雄性狒狒的体型比雌性大得多。有些种类的雌狒狒体重只有11千克，而雄狒狒的体重则能达到41千克。狒狒生活在非洲和中东地区的西南部。世界上现存好几种狒狒。

狒狒大部分时间都待在地上，但是它们会在树上或悬崖上睡觉。它们生活在由10～200只个体组成的群体中。在大多数狒狒群体中，雌性的数量多于雄性，雌性会照顾幼年个体，雄狒狒习性凶猛，群体通常由几只大体型的雄性进行保护。狒狒的天敌主要是鬣狗、豹和非洲狮。

狒狒以鸟蛋、水果、草、昆虫以及植物的根为食。它们会把食物放进脸部的颊囊中暂时储藏。

延伸阅读：哺乳动物；猴；灵长类动物。

狒狒

疯牛病

Mad cow disease

疯牛病的学名是牛海绵状脑病，是一种影响牛的中枢神经系统的疾病。它会导致动物行为异常、行走困难，甚至死亡。疯牛病会损害动物的大脑，在显微镜下观察时，牛的脑组织呈海绵状。

疯牛病于1986年在英国首次被发现。英国的绵羊有时会患上绵羊痒病，该病类似于疯牛病。科学家认为，当牛被喂食了患有绵羊痒病的羊脑和脊椎骨时，这种疾病就从羊传染给了牛。科学家认为，食用受感染的牛肉也会在人类中引发类似的疾病。

延伸阅读：牛；农业与畜牧业。

一头患疯牛病的牛，站不起来，而且正试图挖洞。

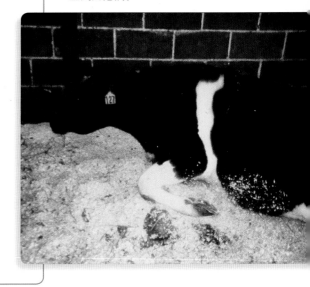

蜂鸟

Hummingbird

　　蜂鸟是一类颜色鲜艳的小鸟。它们以花朵分泌的甜甜的花蜜为食，蜂鸟又长又细的喙正是用来从花朵深处吸取花蜜的。蜂鸟也会取食那些在花朵中发现和在空中抓到的昆虫。有些蜂鸟的身上有翠绿色、深紫色、鲜红色和亮橙色的闪亮斑点。体型最小的蜂鸟体长只有5厘米。

　　蜂鸟的翅膀每秒会扇动60~70次，它们的英文名来自它们翅膀快速扇动时发出的嗡嗡声。如此快速的振翅使蜂鸟能够优雅地飞行。它们对于飞行的控制能力极强，能够向上、向下、向后和向前飞。在飞行时，蜂鸟的翅膀看起来是模糊的。

　　延伸阅读： 鸟；翅膀。

蜂鸟以花蜜为食，它们尤其喜爱红色。

凤头鹦鹉

Cockatoo

棕树凤头鹦鹉（右）和葵花鹦鹉（左）都是大型鹦鹉。与大多数鹦鹉不同，凤头鹦鹉的头上有一簇羽毛。

　　凤头鹦鹉是一类分布于澳大利亚、印度尼西亚和邻近岛屿的大型鹦鹉。与大多数鹦鹉不同，凤头鹦鹉的头顶具有一簇羽毛，它们可以扬起和放下这些羽毛。凤头鹦鹉有多种颜色，如白色、黑色、红色、玫瑰色或灰色。它们的体长约为32厘米。它们具有弯曲的嘴、厚实的舌头以及非常强壮的脚，它们用脚攀爬树枝。凤头鹦鹉能发出很大的尖叫声。

　　凤头鹦鹉以种子、坚果和水果为食。它们常常集群快速飞行。在有许多果园的地区，这些鸟可能会产生严重的危害。由于它们可以完成许多不同的小把戏，所以也能作为有趣的宠物。作为宠物的凤头鹦鹉可以活50年。在中国并不分布凤头鹦鹉，所有的凤头鹦鹉都是走私入境的，依照国家二级保护动物对待，私人饲养违反野生动物保护法。

　　延伸阅读： 鸟；鸡尾鹦鹉；鹦鹉；宠物。

佛罗里达美洲狮

Florida panther

佛罗里达美洲狮是一类生活在美国佛罗里达州南部的大型野生猫科动物。佛罗里达美洲狮是美洲狮的一个亚种。这种猫科动物有长长的腿、小小的脑袋和圆圆的耳朵。不包括尾巴在内，一只成年的佛罗里达美洲狮体长可达1.5米或更长。

佛罗里达美洲狮栖息于森林和沼泽地带。除了带着幼崽的母亲，它们都是独自活动的。佛罗里达美洲狮主要捕食白尾鹿，也会捕食浣熊和其他小型哺乳动物。

佛罗里达美洲狮是美洲狮的一个亚种，栖息于美国南部的森林和沼泽地带。

美洲狮曾经在北美的大部分地区自由生活。然而，人类已经杀死了落基山脉东部的大部分美洲狮。到19世纪末，在得克萨斯州和佛罗里达州，只有少数猫科动物存活了下来。这些猫科动物不同于其他地区的美洲狮，如今，它们被称为佛罗里达美洲狮。

佛罗里达美洲狮濒临灭绝，主要是因为人类的活动。人类已经摧毁了它们的许多栖息地，汽车也会撞击并杀死它们。佛罗里达美洲狮如今受到法律保护。

延伸阅读： 猫；美洲狮；豹。

孵化

Incubation

雄性帝企鹅会用两只脚夹住卵的方式保护卵，并进行孵化。

孵化是指在将卵保存在适当的条件下，使卵中的胚胎发育成幼体的过程。许多动物会孵卵。孵化也可以通过一种叫作孵化器的装置来完成。

对于许多动物而言，母亲会孵卵，有时候父亲也会如此。许多鸟会坐在巢里孵卵。孵化过程能够使卵保持温暖，最终帮助卵中的胚胎发育成一只小鸟。

大多数蛇并不孵卵，但许多雌性蟒蛇却会孵卵，它们通过运动肌肉来产生热量，使卵变暖。

人类使用机械孵化器来孵化诸如家鸡这样的鸟类。此外，医院的特殊孵化器也可以用于早产儿或有疾病的婴儿。

延伸阅读： 卵；胚胎；受精；生殖。

弗西

Fossey, Dian

戴安·弗西（1932—1985）是一位研究大猩猩的美国科学家，她因保护大猩猩免遭非法捕猎而闻名。

弗西1932年1月16日出生在加利福尼亚州圣弗朗西斯科。她阅读了一本关于山地大猩猩的书，从而产生了研究它们的想法。1963年，她去了非洲，在那里遇到了一位著名的英国科学家——利基（Louis Leakey）。

1966年，弗西开始进行动物研究。她当时住在非洲卢旺达的山区，每天都进行大猩猩的研究。她逐渐识别了大猩猩群体中的每只动物，还模仿大猩猩的习惯和声音，这有助于大猩猩接受她。她于1974年在英国剑桥大学获博士学位。

在几只大猩猩被人为猎杀后，弗西开始致力于保护这些动物。1985年，她在非洲的营地被人杀害，一些人认为她可能是被盗猎大猩猩的人所杀害。

弗西在《迷雾中的大猩猩》（1983年）一书中记述了她的研究。同名电影于1988年上映。

延伸阅读： 自然保护；大猩猩；偷猎。

弗西因研究和保护大猩猩免遭非法捕猎而闻名。这只大猩猩属于弗西所研究的族群。

浮游动物

Zooplankton

浮游动物是随波逐流的微小生物。大多数浮游动物只有用显微镜才能看到。

浮游动物是浮游生物的一类。浮游生物是漂浮在湖泊、海洋和其他水体中的微小生物。浮游生物的另一类是浮游植物。

浮游植物像低等植物一样生活，利用阳光中的能量生产养分。浮游动物是由动物和像动物一样生活的生物组成的，必须通过取食其他生物来获取能量。

浮游动物是大型海洋生物的重要食物来源，为许多动物提供食物。取食浮游动物的动物包括鸟类、鱼类和牡蛎等，甚至大型的鲸类也吃浮游动物。许多不直接吃浮游动物的动物仍然依赖它，例如它们可能以吃浮游动物的鱼为食。

浮游动物是由许多不同种类的生物组成的。有些是蟹和鱼等动物的幼体，其他还包括像水蚤和桡足类这样的小型动物。最小的浮游动物是原生动物，原生动物由一个细胞构成。

延伸阅读： 食物链；幼体；浮游生物；原生动物。

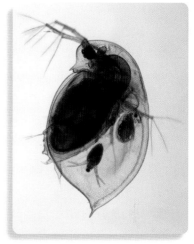

浮游动物包括任何漂浮的微小海洋动物，例如水蚤。

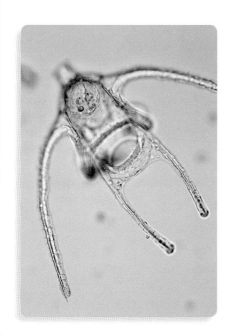

有些种类的浮游动物是某些海洋动物的幼体，例如心海胆的幼体。这些幼体自由地漂浮在海洋的上层，在那里它们以更小的有机体为食。海胆幼体具有长腕和毛发状纤毛带，能够用于移动和进食。

浮游生物

Plankton

　　浮游生物是随洋流漂浮在海洋中的微小生物，也生活在内海和湖泊中。浮游生物栖息在水面附近。有些浮游生物具有微弱的游泳能力，但不足以阻止水带着它们四处漂流。

　　浮游生物主要有两种，即浮游动物和浮游植物。浮游动物包括各种各样体型微小的动物，其中包括水蚤和许多其他甲壳类动物。甲壳类动物是具有甲壳和分节的附肢的动物类群。浮游动物还包括许多不同种类的幼体，如蟹类、鱼类和许多其他动物的幼体。随着幼体的成熟，许多幼体会变得足够大，可以逆流而行，这时它们就不再是浮游生物了。浮游植物包括能够利用阳光中的能量来制造自己的食物的生物，这些与植物相似的生物也称为藻类。

　　浮游生物为各种各样的生物提供了食物。浮游植物也释放了大量的氧气，人类和其他动物必须呼吸氧气才能够生存。

　　延伸阅读： 甲壳动物；海洋动物；食物链；食物网；幼体；浮游动物。

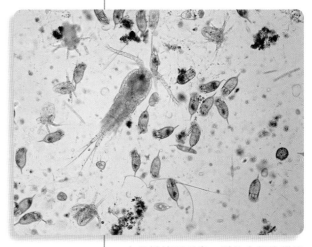

在显微镜下观察一群从大堡礁附近海域捞取的浮游动物时，能看到各种各样的就像外星生物般的外形。大堡礁是位于澳大利亚东北海岸的一个大型珊瑚礁生态系统。

桡足类　　　　蟹的幼体

藤壶的幼体　　　水螅水母

浮游动物

浮游动物包括一些会作为浮游生物度过一生的动物，例如桡足类。不过浮游动物也包括诸如蟹类和藤壶的幼体这样的动物，当这些动物成为成体时，它们便不再是浮游生物。

蝠鲼

Manta ray

蝠鲼是一类身体扁平的大型鱼类，会通过拍打鳍在水中游泳。蝠鲼鳍的形状像翅膀。蝠鲼还具有鞭子似的短尾巴。

蝠鲼分布于世界各地温暖的热带海域。与其他鳐鱼不同，蝠鲼通常停留在水面附近。它们主要以浮游生物为食。浮游生物由随波逐流的微小生物组成。

有些蝠鲼的体型非常大，两鳍间距可达9米。不过大多数蝠鲼的两鳍间距约为6米。它们的体重可达1350千克。蝠鲼在野外可以生存20年。

延伸阅读： 鱼；浮游生物；鳐鱼；刺魟。

蝠鲼会在温暖的海水表面游动。

腐烂

Decay

枯叶从树上掉落并腐烂。腐烂的叶子使土壤富含铁元素和其他矿物质，从而变得肥沃。

腐烂指的是对死去的动植物物质的分解。细菌和真菌造成了大多数腐烂，它们使用一种叫作酶的化学物质使物质分解。酶能够加速化学变化。

腐烂在使土壤肥沃的过程中发挥着重要作用。死去动植物体内有营养价值的部分称为营养物或养分。如果没有腐烂，许多养分就会被锁在死去的动植物体内。腐烂使这些营养回到了土壤中，植物通过根部吸收这些营养，动物通过吃植物吸收营养。因此，腐烂对所有生物的生存都是很重要的。

延伸阅读： 细菌；死亡。

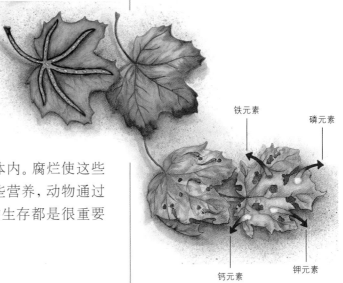

铁元素

磷元素

钙元素

钾元素

腐烂的叶子

负鼠

Opossum

雌负鼠背着自己的幼崽。在更早些时候，幼崽会在出生后留在母亲的育儿袋里。它们会在母亲身边继续待几个星期。

　　负鼠是一类分布于北美洲和南美洲的小型有袋类动物。有袋类动物属于哺乳动物，它们会产下幼崽，随后幼崽会继续在母亲身体上的育儿袋里生长发育。

　　负鼠的种类有很多。北美负鼠是唯一一种分布于美国的负鼠，体型与家猫近似，具有粗糙的灰白色毛发、长长的鼻子、黑色的眼睛和大而无毛的耳朵。

　　负鼠在夜晚很活跃。它们几乎吃任何类型的动植物。当遇到危险时，它们可能会装死。一些食肉动物会对已经死亡的猎物失去兴趣。

　　大多数有袋类动物都生活在澳大利亚及其附近的岛屿上，例如袋鼠和考拉。负鼠是分布于北美洲和南美洲的少数有袋类动物之一。分布于澳大利亚的袋貂有时也称负鼠，但它与负鼠的亲缘关系并不紧密。

　　延伸阅读： 哺乳动物；有袋类动物。

复眼

Compound eye

　　复眼是由许多晶状体结构的小眼组成的眼睛，这些小眼相互之间靠得很近。大型动物没有复眼，它们的每个眼睛只有一个晶状体结构。但是许多小型动物有复眼，它们的眼睛由成百上千的晶状体结构组成。在动物界中，主要有两类动物有复眼——昆虫和甲壳动物。甲壳动物是有节肢、没有脊椎骨的动物，例如我们最熟悉的蟹和龙虾。

　　组成复眼的每一个小眼都能捕捉到图像的一小部分，所有图像组合在一起会形成一个马赛克图像。马赛克指的就是由许多小部件组成的图画。这类动物的大脑通过马赛克图像识别出光和颜色的模式。复眼只能看清楚附近的东西，但擅长探测运动的物体。

　　延伸阅读： 蟹；甲壳动物；昆虫；龙虾。

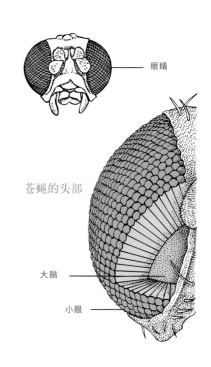

眼睛

苍蝇的头部

大脑

小眼

苍蝇的复眼是由一种叫作小眼的结构组成的。每个小眼都具有一个位于光敏细胞顶部的晶状体结构。

纲

Class

纲是科学家用来对生物进行分类的阶元之一。纲在分类系统中隶属于门。门是一个更大的分类阶元,通常一个门中会有好几个纲。纲是比目更上一级的分类阶元,目是更小的分类阶元,一个纲通常会包括好几个目。

同一纲的动物有一定的相似之处。例如,所有鸟类组成了一个纲,它们都有翅膀和羽毛。诸如青蛙和蝾螈这样的两栖动物组成了一个纲,它们的生命过程中有一部分时间生活在水里,有一部分时间生活在陆地上。

人类、猿、熊和鼠类都属于哺乳纲,都是哺乳动物。哺乳动物是一类全身被毛、幼时依靠母亲乳汁成长的动物。

延伸阅读: 科学分类法;目;门。

人类、马和狗都属于同一个纲,都是哺乳动物。

高鼻羚羊

Saiga

高鼻羚羊亦称赛加羚羊,是一种具有不寻常鼻子的哺乳动物。它们的鼻子又大又弯,膨胀突出。高鼻羚羊的体型和山羊差不多。高鼻羚羊栖息于中亚地区的开阔牧场上。在夏季,高鼻羚羊的鼻子有助于过滤灰尘。在冬季,这种鼻子则能够使进入肺部的空气变暖。

每年春季,会有成千上万的高鼻羚羊在大草原上迁徙。雌高鼻羚羊会聚集成大规模的群体,在同一时间生产。其中大多数会产下双胞胎。仅仅到一周龄大的时候,幼羚羊就已经准备好跟随它们的母亲北上了。

高鼻羚羊的肩高约为60~80厘米。在夏季,它们具

高鼻羚羊

有沙色的短毛。在冬季，它们则会换上苍白色的厚重皮毛。雄性的鼻子比雌性的大。同时，雄性还具有带有黑色尖端的脊状角。

人类会为了高鼻羚羊的肉和角捕杀它们。偷猎大大减少了高鼻羚羊的数量。高鼻羚羊已处于极度濒危的状态。2015年，曾有大量的高鼻羚羊迅速死亡。整个高鼻羚羊群都处在生病状态，往往几个小时之内就会死去。这导致了全球大约一半数量的高鼻羚羊死亡。科学家不知道确切的原因。类似的大规模死亡事件以前也在高鼻羚羊身上发生过。不过每次死亡事件之后，高鼻羚羊的种群数量都能很快恢复。

延伸阅读： 濒危物种；洞角；哺乳动物。

缟狸

Fossa

缟狸是一种看起来与大型獴类相似的动物，它们栖息于马达加斯加的森林中。缟狸有红棕色的毛皮，它们有大大的鼻子和眼睛、圆圆的耳朵。缟狸的体重可达12千克，不算尾巴的体长约为90厘米。

缟狸是一种凶猛的捕食者，它们捕食两栖动物、鸟类、鱼类、昆虫和爬行动物，尤其擅长捕猎狐猴。

缟狸目前有灭绝的危险。人类已经破坏了它们栖息的许多森林，而且人们还会去捕杀缟狸，他们担心缟狸会吃掉他们饲养的鸡。

缟狸是一种原产于马达加斯加的哺乳动物，是一种凶猛的捕食者，有灭绝的危险。

鸽

Pigeon

鸽是一类身形浑圆、腿短而强壮的鸟类，在世界上的大部分地区都有分布。

鸽的飞行速度很快。其羽毛大多呈暗色，包括黑色、蓝色、棕色或灰色，但有些种类的鸽是十分美丽的。

鸽以水果、谷物和坚果为食，有时也会取食昆虫、蜗牛和蠕虫。它们大多集群活动，并在树上筑巢。集群活动能够保护它们免受猫和鹰的袭击。一些鸽群中也会有黑鹂和麻雀。这些其他种类的鸟能够帮助它们找到食物，同时还能警告它们有危险。

几百年来，人们一直饲养鸽类。有些人饲养它们作为食物。还有一些人则会用它们传递信息，这或者为了比赛，或者为了娱乐，或者为了表演。

城市里的鸽类可能会为城市带来麻烦。它们的粪便能毁坏石头和大理石。鸽类还会传播某些疾病。

延伸阅读： 鸟；鸠鸽类；旅鸽。

鸽是一类身形浑圆、腿短的鸟类，在世界上的大部分地区都有分布。

歌鸲

Nightingale

歌鸲（qú）俗称夜莺，是一种以动听的哀歌而闻名的小型鸟类。体长约为15～18厘米。上半身为棕色，下半身则主要为灰白色。还具有一条圆圆的尾巴和很适合行走的长腿。

歌鸲一年中的大部分时间都分布于欧洲。它们会在非洲过冬。歌鸲常常栖息在森林中茂密的矮树丛里，也会栖息在溪边的沼泽灌丛中。通常以昆虫和蠕虫为食。

春天或夏天，人们常常能听到歌鸲的鸣唱声。它们通常在清晨或傍晚鸣唱，有时会一直唱到深夜。它们还会模仿其他鸟类的声音。

雌性歌鸲通常每年有一窝雏鸟。歌鸲会在地面附近茂密的植被中筑巢。雌鸟每次会产下4～6枚橄榄色的蛋。雌鸟和雄鸟一起照顾幼鸟。

延伸阅读： 鸟。

歌鸲会发出动听而哀伤的鸣唱声。它们通常在清晨或傍晚鸣唱。

格力犬

Greyhound

格力犬是所有犬种中奔跑速度最快的。它们起源于5000多年前的埃及，被用来捕猎瞪羚。在北美洲，格力犬也曾被用来进行狩猎。如今，格力犬参加比赛，在椭圆形的跑道上追逐机械诱饵。

格力犬是一种强壮而优雅的动物，身体呈现流线型。它们有一个长长的头部、纤细的腰、强有力的腿。格力犬的毛很短，体色可能呈现灰色、白色、黑色、黄褐色、红色或蓝灰色，或者为多种颜色的混合色。它们的体重为27~30千克。

延伸阅读：阿富汗猎犬；巴塞特猎犬；寻血猎犬；狗；爱尔兰猎狼犬；哺乳动物。

如今格力犬最常出现在特殊的赛狗场进行比赛。

蛤蜊

Clam

蛤蜊是一类柔软的身体被硬壳覆盖的动物，栖息在海岸边或者大洋、湖泊和溪流的底部。蛤蜊属于身体柔软、体内没有骨骼的软体动物。

蛤蜊的两片贝壳被看起来像小牙齿一样的铰链固定在一起。它们身体的一部分叫作外套膜，能产生坚硬的物质，形成外壳。蛤蜊的壳通常是开放的，但当受到威胁时，强健的肌肉会牵拉关闭双壳。

蛤蜊强壮的、肌肉发达的身体部分叫作斧足。它们会通过把斧足伸出，钩住泥沙进行移动。它们还用斧足挖洞。蛤蜊没有头或牙齿，它们通过一个被称为虹吸管的管状部分呼吸和进食。当它们藏在泥土或沙子里时，可以通过虹吸管的拉伸获取食物和水。

大多数蛤蜊以浮游生物为食。浮游生物是一类体型很小、随波逐流的生物。有些蛤蜊会在泥或沙里寻觅食物，还有一些蛤蜊以小型的虾类为食。

延伸阅读：双壳动物；软体动物；浮游生物；壳。

更格卢鼠

Kangaroo rat

　　更格卢鼠是一种与老鼠相似的哺乳动物。它们会用长长的后腿向前跳跃，这与袋鼠十分相像。更格卢鼠分布于美国西南部的沙漠和墨西哥。更格卢鼠并非真正的老鼠，但它们也属于啮齿动物。啮齿动物是包括褐家鼠和小家鼠在内的一大类动物的总称。

　　更格卢鼠的体长可达38厘米，其中包含一条长达20厘米的尾巴。更格卢鼠的前腿短，头大，眼睛大。它们有柔软的绒毛，这些绒毛的上层为黄色或褐色，下层则为白色。

　　更格卢鼠在地洞里筑巢。它们会在夜晚出来采集植物吃，并把食物塞进脸颊外侧的颊囊中。

延伸阅读： 哺乳动物；啮齿动物。

更格卢鼠能像袋鼠一样用强有力的后腿跳跃。它们的尾巴长度与身体相当。夜晚时分，更格卢鼠会从洞里出来寻觅食物，它们有一双大眼睛，在黑暗中能看得很清楚。

弓鳍鱼

Bowfin

　　弓鳍鱼是一种北美洲的淡水鱼。弓鳍鱼的体型又长又瘦，生活于水草茂盛的温暖水域，主要捕食其他鱼类。

　　弓鳍鱼有时会被称为"活化石"，它们与生活在2亿多年前的鱼类很相像。弓鳍鱼很强壮，所以有些人很享受钓弓鳍鱼的过程。但很少有人会吃弓鳍鱼。

　　雄性弓鳍鱼会为雌鱼产的卵筑巢。雄鱼会守护这些卵。当幼鱼孵化后，雄鱼还会停留在它们身边好几个星期。

延伸阅读： 角鲨；鱼；鲨鱼。

弓鳍鱼看起来与远古时代的鱼类十分相像。

共生

Symbiosis

共生是指两个生物在生存时具有紧密的联系。这两个生物之间的关系称为共生关系。在共生关系中，至少有一方总是从这种关系中获益。

在一种共生关系中，一种生物栖息在另一种生物的表面或内部。前一种生物称为寄生生物，它有可能对后一种称为寄主的生物造成伤害。例如，绦虫寄生在人类和动物的内脏中，从寄主那里获取食物。

在另一种共生关系中，一种生物能够从寄主身上受益，但寄主并不受该生物的影响。在第三种共生关系中，两种生物都受益，生物之间可能会互相提供食物或者保护。

共生对许多动物都很重要。例如许多昆虫与开花植物间具有共生关系。花为昆虫提供了含糖的花蜜。反过来，昆虫又把花粉从一朵花传到另一朵花。这个过程使植物能够制造种子和繁殖。

延伸阅读：小丑鱼；寄生虫；海葵。

小丑鱼和海葵之间具有一种共生关系。小丑鱼以那些可能伤害海葵的动物为食。作为回报，海葵保护小丑鱼免受捕食者伤害。

沟齿鼩

Solenodon

沟齿鼩（qú）是一类看起来就像是长鼻子老鼠的罕见动物。沟齿鼩有两种，黄头沟齿鼩分布于古巴，棕色沟齿鼩则分布于海地。

沟齿鼩的体重约为1千克，体长约为60厘米，其中尾长25厘米。它们的尾巴硬而有鳞。沟齿鼩的毛短而粗，呈浅黑色或褐色，上面有较浅的斑纹。

沟齿鼩栖息于森林和灌木丛中的洞穴和空心原木中，会在晚上出来觅食。沟齿鼩用长爪子捕捉昆虫，也会取食水果和其他植物性食物。

沟齿鼩是一类脾气暴躁的动物。它们的唾液有毒。

延伸阅读：哺乳动物；有毒动物。

沟齿鼩是一类看起来就像是长鼻子老鼠的罕见动物，体长可达60厘米，其中包含覆盖着鳞片的坚硬尾部。

狗

Dog

狗是最早被人类驯化的动物。人类最早于一万多年前驯化了狗。史前人类用狗看门并把狗当作使役动物，最终训练了狗来放牧和帮助捕猎。

如今，许多人把狗作为宠物。狗是忠诚友好的伴侣，同时为人类工作。它们可以被训练去追踪罪犯，嗅出隐藏的炸药和毒品，营救事故受害者，并引导盲人走路。狗会去参加比赛，在马戏团表演，有时甚至会出演电影和电视节目。

所有的狗都是狼的后代，最早人类就是通过饲养狼而培育了第一只狗。如今有很多不同品种的狗。

有些品种的狗看起来仍然很像狼，比如德国牧羊犬。但是大多数狗看起来与狼不太相像，例如，哈巴狗或京巴狗这样的小宠物看起来一点也不像狼。

宠物狗常常对主人非常依恋。

喘气有助于狗保持凉爽。

挖洞是狗的一项自然活动。狗的祖先经常掩埋它们的食物，以免被其他动物发现。

小狗会为了寻开心而追逐尾巴。但是当一只成年狗仍在追逐自己的尾巴时，这可能是有问题的征兆。

当狗感觉到胃痛时，可能会吃草，但一些狗只是喜欢草的味道。

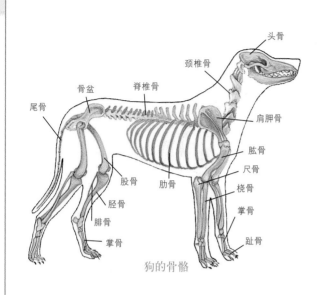

头骨
颈椎骨
脊椎骨
骨盆
尾骨
肩胛骨
肱骨
尺骨
桡骨
掌骨
趾骨
股骨
胫骨
腓骨
掌骨
肋骨

狗的骨骼

最小的狗是吉娃娃，大多数吉娃娃的肩高约为13厘米，体重则从0.5～2.7千克不等。肩高最高的狗是爱尔兰猎犬和大丹犬，它们的肩高都可以达到100厘米。圣贝拉德犬是最重的狗之一，体重可达90千克。

纯种狗有400多种。纯种狗是父母属于同一品种的狗，纯种狗保持着从它们的父母和祖父母那里继承来的血统。

一只母狗一次可以产下1～10个幼崽，小型犬种的幼崽数量常常较少。幼崽出生时还看不见，并且十分无助。它们在出生10～15天后，才会睁开眼睛。当它们2～3周大时，才能够走路，从那时起，它们也开始能够吠叫和摇尾巴。小狗在出生的头3周都只喝母乳，3周后才开始吃固体食物。当它们6周大的时候，就不再需要母乳了。领养小狗的最佳时机是6～8周大的时候。

许多狗都不是纯种的。它们属于混血狗，有时也被称为杂种狗。它们的父母是不同品种或混合品种的狗。杂种狗有各种大小、形状和颜色，通常比纯种狗更健康、更强壮。

狗的一生都需要关爱。小狗必须经过训练才会干净听话，它们通过在正确的时间、正确的地点做正确的事情而受到表扬来学习技能。

狗很喜欢和同伴在一起，而且喜欢玩耍，它们需要通过锻炼来保持健康。在许多城市，法律规定狗必须用皮带拴住，一只狗乱跑可能会引起交通事故、与其他狗打架、咬人或伤害其他动物。

狗有时会生病。应该带宠物狗去兽医院检查，狗需要接种疫苗，从而预防常见的犬类疾病。

短毛狗不需要进行刷毛，长毛狗则需要更多的刷毛行为，尤其是当它们在乡间漫步时。刷毛能帮助去除狗毛上的跳蚤和蜱虫。给狗洗澡时，应该使用不会破坏皮毛中天然油脂的沐浴露。

小狗在3个月大之前，每天需要吃4顿饭，在6个月大前，它们需要一日三餐，然后可以一日两餐直到完全长大。成年狗一天只需要一餐干粮或罐头食品，然而许多狗更喜欢两顿少一点的餐食，一份

一只狗帮助救援人员在地震后寻找埋在瓦砾中的遗体。

在早上，一份在晚上。要避免给狗喂太多的肉或餐桌上的残羹剩饭，应该给狗足够新鲜、干净的水。许多狗还喜欢咀嚼生皮条或特殊的咀嚼玩具。

大多数狗会快乐地睡在一个盒子或篮子里，可以用干净的碎纸、可洗的毛巾或毯子铺在里面。睡在户外的狗需要温暖、干燥的庇护所，如车库或特殊的狗屋。

小型狗通常比大型狗活得长。一只玩具狮子狗或哈巴狗可以活到15岁，但是大丹犬或圣伯纳德犬在8岁或9岁时就已经很老了。有记录以来最长寿的狗是活了29岁5个月的澳大利亚牧羊犬。

当狗热的时候，它不会像人类那样出汗。它们会喘气，把舌头从嘴里伸出来，舌头上和口腔中潮湿的唾液在温暖的空气中蒸发，这种蒸发使狗的身体降温。

大多数狗都会挖洞，这种行为是它们的野生亲戚很久以前就有的。它们会把吃剩的食物埋起来以后再吃，这就是宠物狗有时会埋东西的原因。

狗的嗅觉和听觉比人好，有些狗可以追寻到几天前留下的气味痕迹，狗能听到人类耳朵听不见的高频声音。狗的眼睛能看清楚运动的物体，但看不见颜色，对狗来说，大多数东西看起来是灰色的，也许还会有蓝色。

对狗来说，主人的房子和院子是它的领地。如果陌生人太靠近，许多狗会吠叫警告。但是吠声也可以是友好的问候。

延伸阅读： 育种；食肉动物；犬瘟热；哺乳动物；宠物；狼。

放牧的狗能够防止牛羊走失，也能保护家畜免受狼的威胁。

狗鱼

Pike

狗鱼是一类以被鱼钩钩住时会
奋起反抗而闻名的淡水鱼类。狗鱼
的身体长而纤细，宽而平的嘴里长着
许多牙齿。世界上现存的狗鱼有很多
种，其中最广为人知的是白斑狗鱼和
大梭鱼。大多数大梭鱼的体长可达
0.7~1.2米，体重可达2~16千克。白
斑狗鱼的体重通常为0.9~4.5千克。

狗鱼很受钓鱼爱好者的欢迎。

　　白斑狗鱼和大梭鱼分布于北美洲的五大湖流域，也分布于加拿大的小型湖泊和北美
洲的密西西比河谷上游地带。在亚洲和欧洲的淡水中也有白斑狗鱼的分布。几种体型稍
小的狗鱼分布于美国东部的淡水环境中。大梭鱼、白斑狗鱼和小型狗鱼都很受钓鱼爱好
者的欢迎。

延伸阅读：镖鲈；鱼；淡水鲈鱼。

古道尔

Goodall, Jane

　　珍·古道尔（1934—　）是一位研究动物行为的英国科学
家，她因研究黑猩猩而闻名。古道尔于1960年在非洲坦桑尼
亚开始她的研究。她多年来每天都待在黑猩猩身边，赢得了
许多黑猩猩的信任，她记录了她看到的黑猩猩的所有行为。

　　科学家曾经认为黑猩猩只吃水果和蔬菜，但是古道尔发
现黑猩猩会猎食猴子等其他动物。她还发现黑猩猩能够在
野外制作和使用工具。

　　古道尔于1934年4月3日出生于伦敦。她在英国剑桥大学
获得博士学位。她的作品包括《我的朋友》（1967年）、《人
类的阴影》（1971年）、《冈贝的黑猩猩》（1986年）和《透过
窗户》（1990年）。2003年，古道尔被授予女爵士爵位。

古道尔

延伸阅读：黑猩猩。

古生物学

Paleontology

古生物学是对很久以前的生物进行研究的学科。研究古生物学的科学家称为古生物学家。

一些史前生物的遗骸被埋藏在岩石层中保存下来，这些保存下来的生物遗骸称为化石。古生物学家通过化石确定在地球历史的不同时期都生存着哪些生物。对化石的研究使古生物学家能够拼凑出地球上生命的漫长历史。

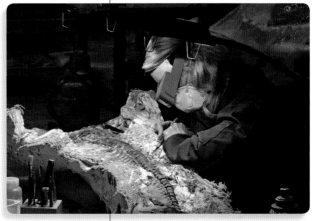

一位古生物学家正在仔细检查恐龙化石。

古生物学家通过将动物或植物化石与现存的生物进行比较来研究它们。现存的生物和灭绝的生物之间的异同，为古生物学家提供了生物如何随时间而变化的信息。研究这些变化能够帮助古生物学家了解不同的生物类群之间是如何相互联系的。生物历经许多代所发生的变化就是进化。

古生物学家会采用不同的方法来确定化石的形成时间，这些方法称为化石年代测定法。确定化石的时间，使古生物学家能够比较许多生存在同一时代的不同动植物。它也帮助科学家了解生物是如何进化的。

这块黑色石板上的蕨类叶子化石由美国伊利诺伊州的煤系中挖掘而来，历史可能超过了3亿年。

始祖鸟的化石显示了羽毛和翅膀的遗骸。古生物学家认为这种生物是最早的鸟类之一，大约生活在1.5亿年前。

古生物学家有时会发现与任何现存的生物都有很大不同的动植物化石。例如，化石显示，被称为翼龙的大型爬行动物生活在距今约2.4亿至6500万年前。这些动物的骨骼结构表明，它们与任何现存的爬行动物都没有紧密的亲缘关系。

化石还可以帮助古生物学家了解生物是如何生活的。保存的牙齿提供了动物吃什么的线索。古生物学家还发现了幼小恐龙巢穴的化石，这与今天的鸟巢类似。这一证据表明，一些恐龙种类会在巢中像现代鸟类一样喂养和照顾自己的幼崽。古生物学家还发现了恐龙脚印的化石。这些痕迹表明一些恐龙会成群结队地行走。

古生物学揭示了地球本身的许多历史。科学家能辨别化石是在海洋中形成的还是在陆地上形成的。例如，贝壳的化石在海洋中形成，这些化石今天经常在陆地上被发现。这表明，大片的陆地曾经被水淹没过。化石还能表明气候发生的变化。例如，科学家发现那些只能在炎热森林中生长的植物化石，出现在了如今寒冷的地区。这表明当地的气候已经改变了。

一些由古生物学家所发现的化石最后被放置于博物馆。

　　大陆的运动造成了化石记录中的许多变化。古生物学家已经发现了大陆在数百万年里改变了位置的证据。例如，在今天被海洋隔开的大陆上发现了同种动物的化石。这些化石表明这些大陆曾经是相连的。大陆慢慢改变位置的科学理论称为大陆漂移说。

　　古生物学有三个主要分支。古植物学是研究植物化石的学科；古无脊椎动物学研究无脊椎动物，如软体动物和珊瑚；古脊椎动物学研究两栖动物、鸟类、鱼类、哺乳动物和爬行动物。

　　古生物学具有科学研究以外的用途。例如，石油经常在含有某些化石的岩石中被发现。石油公司会利用这些化石去发现新的油藏。

　　延伸阅读： 恐龙；进化；化石；史前动物。

在这张照片中，古生物学家正小心翼翼地刷去三叶虫化石上的沉淀物。三叶虫是一类史前海洋动物。

古生物学家正在研究一具保存完好的真猛犸象化石。这只猛犸象被埋藏在深层的泥土中，它的皮肤、毛发和内脏基本完好无损。

冠蓝鸦

Blue jay

冠蓝鸦是一种蓝白相间、叫声嘈杂的鸟。它们分布于美国和加拿大。

冠蓝鸦的体长近30厘米。它们的下身为浅灰色，上身具有一个黑色的颈环，翅膀和尾部具有白色和黑色的横纹。它们的头顶上具有较长的羽毛组成的顶冠，顶冠可以上下摆动。

冠蓝鸦通常以坚果和种子为食，在繁殖期时会以其他鸟类巢中的蛋和雏鸟为食。冠蓝鸦会在树木或灌木丛中修筑凌乱的巢。它们每次产蛋3~6枚，蛋可能呈现蓝色、绿色或黄色，并带有斑点。冠蓝鸦的寿命通常为4~6年。

延伸阅读： 鸟；乌鸦。

冠蓝鸦具有鲜艳的蓝色羽毛。它们以生性活跃和嘈杂著称。

冠山雀

Titmouse

冠山雀是北美洲的一类小型鸣禽，具有灰色的身体和短而尖的喙。冠山雀的羽毛会在头顶上形成一个尖状物，称为冠。冠山雀长约13~18厘米。它们主要以昆虫为食，也以种子和浆果为食。冠山雀都栖息在树林里。最常见的冠山雀是美洲凤头山雀。它们具有灰色的冠和背、白色的腹部，身体侧面则呈褐色。美洲凤头山雀栖息在美国东部和加拿大。

冠山雀全年都会待在同一个区域，一生只有一个配偶。它们经常会在啄木鸟啄出的老洞里筑巢，会用动物的毛、羽毛、苔藓或其他柔软的材料来装饰鸟巢。大多数雌鸟每年产蛋一次。它们通常每次产5~8枚蛋，蛋为白色，具有棕色斑点。雌鸟会保持蛋的温暖，直到孵化。随后，父母会一起喂养幼鸟。

延伸阅读： 鸟；北美山雀。

美洲凤头山雀是一种头顶上有冠的鸣禽。

管虫

Tubeworm

　　管虫是一类栖息于海洋中的蠕虫。大多数管虫栖息在珊瑚礁或其他浅水区。现存的管虫有很多种。

　　管虫会为自己柔软的身体建造一个坚硬的管子，它们就住在这里。管虫会取食漂流过来的食物小颗粒。

　　一些管虫栖息于由沙子和贝壳碎片组成的管子里。许多种类的管虫在自身的管子顶端具有彩色的、羽毛状的触须。管虫用触须呼吸以及获取食物。

　　另一些管虫则栖息在由碳酸钙形成的坚硬管子里。其中有些种类的管子像蜗牛壳一样扭曲。

　　有些管虫生活在深海，栖息于热液喷口附近。这些喷口是海洋中类似烟囱的结构，不断释放热水。

　　延伸阅读： 壳；蠕虫。

有些管虫具有从自身的管子里伸出的红色鳃状触须，这些触须有助于呼吸。

鹳

Stork

　　鹳是一类具有细长腿的大型鸟类，具有强壮的翅膀和长而尖的喙。世界上现存的鹳有好几种，大多在沼泽湿地中觅食。它们以昆虫、鱼、蛙类、小鸟和其他小型动物为食。白鹳在夏季栖息于欧洲、亚洲和非洲。到了冬季，它们则会在非洲、印度和中国过冬。它们的体色为白色，翅膀则为黑色，腿为粉红色，喙为红色。它们经常在屋顶和烟囱上筑巢。

　　黑头鹮鹳是唯一一种分布在美国的鹳。它们分布于美国佛罗里达州，也分布于中美洲和南美洲。佛罗里达州的黑头鹮鹳目前数量很少，因为它们赖以生存的许多沼泽湿地已经干涸。

　　延伸阅读： 鸟。

鹳是一类大型鸟类，具有强壮的翅膀和长而尖的喙。

龟

Turtle

龟是一类有保护壳的四足动物。大多数种类的龟都能把自己的头、腿和尾巴缩进壳里。

与鳄类和蜥蜴一样,龟属于爬行动物。与其他爬行动物一样,龟也属于变温动物。这意味着它们的体温会与周围的气温或水温保持一致。龟类不能在全年寒冷的地区生存。

龟有很多种。大多数种类的龟都栖息在淡水中或淡水环境附近,但是也有些龟只栖息在陆地上,还有一些种类的龟几乎一生都在海里度过。

体型最大的龟是棱皮龟,体长为1.2~2.4米。最小的龟则是沼龟,体长只有10厘米。

海龟是游泳速度最快的龟类。海龟中的绿海龟,游速能达到32千米/时。

龟壳有两层。内层由骨板组成,是龟类骨骼的一部分。外层则由称为盾片的硬化皮肤组成。陆龟的壳又高又圆,生活在水里的龟则具有扁平的壳。

龟类没有牙齿,而是用它们坚硬的喙撕碎食物。许多种类的龟正处于灭绝的危险中。它们遭受着狩猎、污染和环境破坏的威胁。

延伸阅读:变温动物;濒危物种;爬行动物;海龟;壳;陆龟。

一只北方地图龟正在晒太阳。

一只绿色的小海龟从蛋里孵化出来。

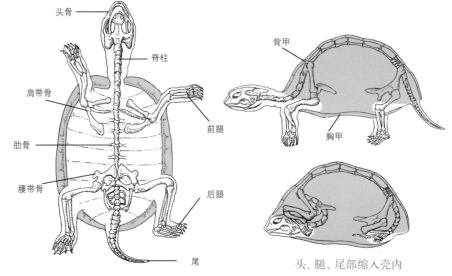

龟类的身体具有很多特点,例如背甲(覆盖背部的壳)和胸甲(覆盖腹部的壳),这使得它们的头、腿和尾部能够缩入壳中。

头骨　脊柱　肩带骨　前腿　肋骨　腰带骨　后腿　尾

背甲　胸甲

头、腿、尾部缩入壳内

硅藻

Diatom

硅藻是一类分布于海洋、湖泊、河流以及地下水中的微小生物。有些硅藻会附着在岩石、沙子或海藻上，有些种类则可以自由漂浮。硅藻是浮游生物的主要组成部分。浮游生物由随波逐流的微小生物组成。现存的硅藻有数千种。

一个硅藻只由一个细胞组成。它们的细胞被一层坚硬的外壳所覆盖，外壳有两个部分，就像一个盒子和盖子一样合在一起。许多硅藻是金褐色的，还有些种类的颜色更鲜艳、形状更漂亮。单个硅藻只有在显微镜下才能看到。

硅藻通常被认为是藻类的一个类型。藻类是植物状的生物，它们利用阳光中的能量制造养分，鱼类和许多其他水生动物都以硅藻为食。

延伸阅读：浮游生物；原生生物；浮游动物。

有些硅藻形状美丽，在显微镜下看起来像宝石或星星。

鲑鱼

红鲑在逆流向上去产卵的途中，会跃上瀑布。

Salmon

鲑鱼是最重要的食用鱼类之一。人们也很喜欢钓鲑鱼。世界上有许多不同的鲑鱼。大多数鲑鱼栖息在北太平洋，这些鱼是人们所吃的大部分鲑鱼。其他鲑鱼则栖息在亚洲的水域或大西洋。

有些鲑鱼诞生于淡水河和湖泊，但它们中的大多数会游到海里，在那里度过它们的成年时期。之后，它们会回到出生的地方产卵。大多数太平洋鲑鱼会在产卵后死亡。

捕鱼者会在鲑鱼离开海洋游向淡水溪流时捕捉它们。如今，鲑鱼也能被养殖，它们通常被养在海洋的围栏里。

延伸阅读：鱼；迁徙；鳟鱼；白鲑。

狗鲑

红鲑

王鲑

贵宾犬

Poodle

贵宾犬是一个浑身长有卷毛的犬种，曾经被作为水中的猎犬而饲养。这个品种可能起源于16世纪的德国。

贵宾犬作为宠物很受欢迎。贵宾犬的体色可能为白色、黑色、灰色、蓝色、棕色、奶油色或杏黄色。它们的毛呈卷曲状，能够被剪成各种各样的形状。贵宾犬根据肩高分为三种。玩具贵宾犬的肩高为25厘米或以下；迷你贵宾犬的肩高为25～38厘米；标准贵宾犬的肩高则超过38厘米。贵宾犬的体重为1.4～27千克。

延伸阅读： 狗；哺乳动物；宠物。

贵宾犬是一个浑身长有卷毛的犬种，它们的毛可以被剪成各种造型。

果蝇

Fruit fly

果蝇是一类以糖为食的微小生物，它们通常以水果为食，种类很多。果蝇会对果树造成很大的危害，其中地中海果蝇已经对美国的农作物造成了很大的危害，以加州受害最为严重。

果蝇会在植物中产卵。当果蝇幼体孵化时，它们会在植物的果实上进食，并通过取食吃出一条通道，这种取食行为会对果实造成破坏。

科学家长期以来一直在研究果蝇的基因。基因是位于细胞内告诉生物如何生长发育的化学指令，基因由父母传给子女。由于果蝇易于生长、繁殖快速，所以它们在研究中得到了广泛的应用。果蝇所具有的优势能帮助科学家研究基因在不同世代中的变化方式。

延伸阅读： 苍蝇；基因；昆虫。

科学家长期以来一直在研究果蝇，以了解基因是如何工作的。由于果蝇容易生长和繁殖，所以它们是理想的研究材料。

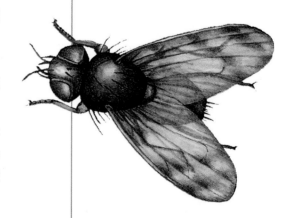

H

哈巴狗

Pug

哈巴狗是一个小型犬种,具有短短的鼻子和一条紧紧贴在背上的尾巴。在玩具犬中,哈巴狗是体型最大的,体重为6.4~8千克。它们的毛发短而光滑,面部则布满皱纹。哈巴狗最初来自中国。

延伸阅读: 狗;哺乳动物;宠物。

在玩具犬中,哈巴狗是体型最大的。它们经常被当作宠物饲养。

海胆

Sea urchin

海胆是一类海洋动物的通称。海胆的身体是圆的,上面布满了长刺。世界上现存的海胆有很多种。它们分布于世界各地的海洋中。海胆属于棘皮动物。棘皮动物是一类多刺的海洋动物。

海胆的直径为5~12厘米。海胆的身体由皮肤下的硬壳保护着。海胆的刺附在自己的壳上。一些海胆的刺可以达到20厘米长。

海胆在岩石上和海底生活,主要以藻类为食。海胆的嘴位于身体下面。海胆会用五颗牙齿咀嚼食物。一些海胆能用牙齿在岩石上挖洞。

许多海胆能够用管足移动,管足是一类微小的像吸盘一样的管状运动器官。一些海胆还能用它们的刺移动。

延伸阅读: 棘皮动物。

海胆是一类被长长的、可移动的刺覆盖的海洋动物。这些刺从一个壳上长出来,这个壳就位于海胆的皮肤下面,能够保护海胆柔软的身体。

海龟

Sea turtle

海龟是几乎一生都生活在海洋中的大型龟类。它们会在陆地上产卵，随后便会返回水中。它们能穿越数千千米的海洋。它们的巨大鳍状肢使它们具有优秀的游泳能力，不过它们在陆地上拖着自己的鳍状肢会显得很笨拙。世界上现存的海龟有好几种。

雌海龟只会为了产卵而返回陆地。它们常常会回到自己出生的海滩，即使要穿越重洋。刚孵化的小海龟会为了避免被鸟类和其他动物吃掉而爬到海里。大多数雄性海龟再也没有返回过陆地。

大多数海龟以海藻和海草为食，还会取食螃蟹、鱼、虾等动物。一些种类的海龟有更特异的食性。例如，棱皮龟以水母为食。

世界上曾经有数亿只海龟，但由于人类活动，它们的数量急剧下降。人们捕猎海龟以获取它们的肉和蛋。许多海龟会在被商业渔船的大渔网捕获后死亡。石油泄漏和海洋垃圾污染也危害着海龟。海滩的开发则威胁着海龟的产卵地。海龟受法律保护。

 **延伸阅读：** 濒危物种；爬行动物；龟。

绿海龟几乎一生都生活在海洋里。它们具有长长的、像桨一样的鳍状肢和一个光滑的便于游泳的龟壳。

海黄蜂是一种有毒的水母，主要分布在澳大利亚北部和大洋洲水域。

海黄蜂

Sea wasp

海黄蜂是一种危险的蜇人水母，有一个宽度为5～15厘米的箱形坚硬身体。海黄蜂分布于澳大利亚海岸附近的水域。

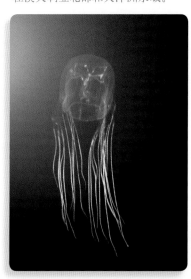

海黄蜂具有四束触须,触须长度可达1.5米。这些触须中含有大量的微小囊状结构。每一个囊状结构中都有一个有毒的刺,这种刺射出后能够刺穿皮肤。接触到毒刺的人会遭受剧烈的疼痛,严重的刺痛甚至会在几分钟内致人死亡。

在澳大利亚的一些海滩上,人们会用特殊的网把海黄蜂挡在外面。当人们在海中活动时,这些网有助于保证人们的安全。

延伸阅读: 刺胞动物;有毒动物。

海葵

Sea anemone

海葵是一类长得像葵花的海洋动物,体色可能为蓝色、绿色、粉色、红色或混合颜色。它们身体的一端会附着在岩石或贝壳等固体上。另一端会指向水中,这一端具有一个被触须(细长鞭状结构)包围的嘴。一些海葵的直径会超过90厘米。

海葵可以慢慢移动,但它们通常会附着在岩石上。海葵会用触须捕捉小型动物。这些触须能够吐出微小的毒丝,使猎物昏迷,随后海葵会把它们拖进嘴里。

延伸阅读: 刺胞动物;触须。

海葵看起来就像开花的植物,但它们是一类海洋动物,会用长长的触须吐出细小的毒丝,使猎物昏迷,随后便吃掉昏迷的猎物。

海蛞蝓

Sea slug

海蛞蝓是一类在成体阶段只有很小的壳或者没有壳的海生螺类。世界上现存的海蛞蝓有几千种,分布于世界各地的所有海域。

海蛞蝓的身体呈典型的管状。头上具有触角,背上则通常有一个鳃。许多海蛞蝓具有鲜艳的颜色，这些颜色能够警告其他动物，海蛞蝓有毒或具有难闻的味道。还有一些海蛞蝓则会通过伪装隐藏在周围的环境中。

大多数海蛞蝓的体型都很小，长度不足2.5厘米。不过，有些种类的海蛞蝓能长得很大，其中一种能够达到60厘米以上。

典型的海蛞蝓一生中的大部分时间都在海洋中度过，它们会用一种叫作腹足的肌肉器官在水底移动。有些种类的海蛞蝓能够在开阔水域中漂浮或游泳。大多数海蛞蝓只会专门以一种食物为食。有些海蛞蝓可能会以藻类、珊瑚、海绵或其他海洋动物为食，甚至还包括其他种类的海蛞蝓。

延伸阅读：软体动物；螺类和蜗牛。

海蛞蝓大部分时间生活在海底。它们会通过叫作腹足的肌肉器官来移动。

海狸鼠

Muskrat

海狸鼠是一种栖息于溪流、池塘和河流附近的啮齿动物。海狸鼠也叫麝鼠，这来源于它们在交配季节所散发出的麝香般的味道。海狸鼠分布于北美洲的许多地区和欧洲的一些地方。

海狸鼠非常适合在水中生活。它们用扁平的尾巴游动和控制方向。它们的后足上有着坚硬的网状毛发。包括尾巴在内，海狸鼠的体长可达66厘米。

海狸鼠栖息在它们在溪边所挖掘的洞穴中。它们也会制作越冬用的"房子"。它们会用泥把香蒲、芦苇和其他植物粘在一起。海狸鼠主要以植物为食，也吃蛤、淡水龙虾和螺类。水貂、浣熊、郊狼、猫头鹰、鹰和短吻鳄都会以海狸鼠为食。

延伸阅读：哺乳动物；啮齿动物。

海狸鼠以芦苇、香蒲和其他植物为食。

海龙

Pipefish

海龙是一类硬骨鱼。它们又长又细的身体看起来就像一根管子。世界上现存的海龙有很多种。它们大多栖息在温暖的海域，还有几种生活在淡水中。海龙是海马的近亲。海龙的身体覆盖着骨鳞。某些种类的海龙体长可达60厘米。在它们长长的吻部末端是一个没有牙齿的小嘴。

雄性海龙的腹部有一个用来携带鱼卵的特殊育儿袋。雌鱼会把卵产在这个育儿袋里让雄鱼孵化。在能够照顾自己前，幼年海龙会一直待在育儿袋里。

延伸阅读： 鱼；海马。

海龙又长又细的身体看起来就像一根管子。它们的身体表面覆盖着骨鳞。

海螺

Conch

海螺是一类具有大壳的海生螺类，主要生活在热带海洋的底部。世界上现存的海螺有很多种。

在北美洲，海螺通常指女王凤凰螺，也被称为粉螺。女王凤凰螺长约30厘米，有一个柔软的身体和一个长的被称为足的肌肉器官。它们利用足末端的角状部分来拉动自己。女王凤凰螺的贝壳有白色、粉色、黄色或橙色，表面覆盖着粗糙的螺旋状结构。

海螺

海螺通常以海草和其他海洋植物为食。雌海螺交配后会产下几十万颗卵，这些卵会在几天后孵化，并随水漂流。幼体最终会到海底慢慢生长。人类会取食一些海螺的肉，还长期将海螺壳作为号角使用。海螺的壳可以烧成石灰，也可以磨成像瓷器一般。由于过度捕捞，海螺的数量不断下降。目前在很多地区，海螺都受到法律的保护。

延伸阅读：软体动物；壳；螺类和蜗牛。

海马

Sea horse

海马是一种头部看起来像马头的小型鱼类。世界上的海马有很多种，大多分布在温暖的浅海中。它们的长度通常不到15厘米。

海马的身体有骨板保护。它们具有长长的吻部，会通过把小型动物吸进自己管状的嘴中完成进食。海马能够用它们的长而可弯曲的尾巴抓住海藻。

海马会以一种极不寻常的方式照顾它们的后代。雌鱼会把卵产在雄鱼肚子上的育儿袋里。这些卵会在育儿袋里孵化，随后雄鱼直接生出体型微小的小海马。小海马常常会用尾巴互相抓在一起，形成小群体。

延伸阅读：鱼；海龙。

海马

海绵

Sponge

海绵是生活在水中的简单动物。大多分布于海洋中，但也有少数种类分布于淡水中。它们栖息在岩石和其他物体的表面。

海绵的形状、大小和颜色多种多样。它们的身体上有许多小孔和一个像嘴一样的大开口（出水孔）。当水从小孔（入水孔）流过时，海绵会在水里夹住微小的食物，随后水会由大孔排出。

海绵通过产卵繁殖后代，也可以通过出芽长出新的海绵。

大多数海绵具有坚硬的骨骼，但有些海绵的骨骼由更软的物质构成。几个世纪以来，这些骨骼一直被用作沐浴海绵。但是如今，人们使用的大部分海绵都是在工厂里生产的。它们由人造材料制成的，功能与天然海绵类似。

延伸阅读： 无脊椎动物；海洋动物。

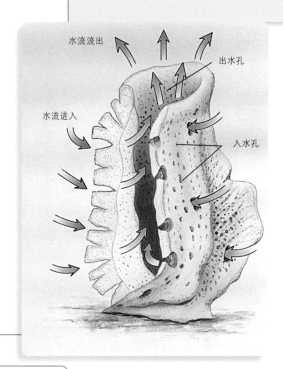

海绵通过叫作入水孔的小孔吸收水分。水中含有氧气和供海绵食用的微小食物颗粒。当海绵获取了生存所需的氧气和食物后，它会将水通过一个叫作出水孔的大孔排出。水带走了海绵不再需要的物质。

海牛

Manatee

海牛栖息于浅水区域，以各种水生植物为食。它们用又宽又圆的尾巴和桨状前肢在水里游来游去。

海牛是一种大型水生哺乳动物，皮肤颜色呈从浅到深的灰色。它们具有一个圆形的尾巴，前腿形状像桨一般。

世界上现存的海牛有好几种。西印度洋海牛分布于从美国东南部到巴西的海岸和河流中，还栖息于加勒比群岛附近。它们的体长约为4米，体重达1600千克。亚马孙海牛则栖息于南美洲亚马孙河和奥里诺科河流域。非洲海牛栖息于西非的沿岸河流和海域。

海牛以水生植物为食。它们的上唇呈两瓣状，更便于接近植物。海牛一天可以吃掉45千克的植物。

如今海牛具有灭绝的危险。它们主要遭受过度捕猎、船只事故以及栖息地被破坏的威胁。

延伸阅读： 儒艮；哺乳动物；大海牛。

海雀

Auk

　　海雀是一类长得有点像企鹅的海鸟。和企鹅一样，海雀也是优秀的水下游泳健将。然而，海雀会飞，企鹅不会飞。事实上，这两类鸟并不是近亲。

　　海雀家族包括小海雀、海鸦、海鸠和海鹦。它们以鱼和其他海洋动物为食，分布于北太平洋、北大西洋和北冰洋。

　　海雀身体粗壮，腿短，体长为13~75厘米。大多数海雀具有黑色和白色的羽毛，有些种类具有灰色或棕色的羽毛。有些种类的海雀腿和脚的颜色十分鲜艳。在繁殖季节海鹦喙的颜色会变得鲜艳。

　　除了繁殖期，海雀全年都在海上度过。它们每年会回到同样的筑巢地点。大多数海雀会在岩石间、地洞中或悬崖峭壁上筑巢，数量多达数千只。雌海雀每次产1~2枚卵，这些卵通常会在4~6周后孵化。

　　大海雀是一种已灭绝的海雀，大小与雁类似，是体型最大的海雀，不会飞。1844年，猎人们杀死了最后一只大海雀。

　　延伸阅读： 鸟；企鹅；海鹦。

海雀

海参

Sea cucumber

　　海参是一类身体长而浑圆的海洋动物，常常长得很像黄瓜。它们属于棘皮动物。世界上现存成百上千种海参，在海洋的各个深度都有分布。一些热带海参的体长能达到60~90厘米。大多数栖息在较冷水域的海参体型都要小得多。

　　海参的嘴位于身体的一端。嘴的周围布满触须，这些触须能够捕获食物并将其送入口中。海参的身体上具有五排叫

海参是一类有着长长的肉质身体，看起来像黄瓜的海洋动物。

作管足的微小管状结构，管足上的吸盘能够帮助它们爬行或附着在物体上。

海参通过将水从一种叫作呼吸树的器官中抽进抽出进行呼吸。这类动物还可以把身体的一部分抛出去，分散攻击者的注意力，新的身体部位则会在之后再长出来。在亚洲，海参被晒干后作为食品出售。

延伸阅读：棘皮动物。

海獭

Sea otter

海獭是分布于北太平洋的哺乳动物。成群的海獭栖息在北美洲西部和亚洲东部海岸附近。它们几乎从不离开水环境。

大多数海獭的体长为1.2~1.5米，体重通常为27~40千克。它们厚厚的棕色毛皮能够保存空气，从而使它们能够在冷水中保持温暖。

海獭大部分时间会保持仰泳姿势，并用自己的鳍状后肢划水。它们会用前爪抓住物体和食物。

海獭在游泳时会用它的鳍状后肢作桨。它们能够在仰卧时又吃又睡。海獭经常睡在一堆漂浮海草中。海獭以贝类、章鱼、海胆和乌贼为食。几个世纪以来，海獭因其毛皮而遭到猎杀。20世纪初，这种捕杀几乎已经使得海獭灭绝。如今，海獭受到法律保护。然而，它们仍然处在濒危状态。

延伸阅读：哺乳动物；水獭。

海豚

Dolphin

海豚是一类与鲸和鼠海豚具有亲缘关系的水生动物。鲸、海豚和鼠海豚的身体形状类似于鱼，但它们实际上是哺乳动物，用母乳喂养幼崽。与鱼类不同的是，它们都有肺，必须游到水面呼吸空气。

海豚是哺乳动物。与鲸和鼠海豚一样，海豚是需要到水面上呼吸空气的水生动物。

一般而言，海豚的体型比鲸小。它们的体长在1.2～9米之间，体重在45～9100千克之间。海豚的嘴呈喙状，鼠海豚的嘴更圆。

世界上现存的海豚有几十种。大多数海豚生活在海洋里，也有几种海豚生活在河里。海豚主要以鱼类为食。

所有的海豚都有光滑而富有弹性的皮肤。它们还有一个厚厚的脂肪层，称为鲸脂。鲸脂使海豚保持体温，并帮助它上浮。

海豚有良好的听力，它们可以用声音感知水下物体的位置。海豚会发出一系列的咔哒声，回声会从水下物体上反射回来。通过聆听回声，海豚就可以确定物体的位置，这种能力被称为回声定位能力。

大多数海豚集群生活，群体成员会使用各种哨声和滴答声进行交流，许多海豚群体会一起捕鱼。科学家认为海豚是地球上最聪明的动物之一。

最著名的海豚包括宽吻海豚、普通海豚和虎鲸。宽吻海豚的嘴很短，让它们看起来像是在微笑，大多数在动物园和水族馆进行表演的海豚是宽吻海豚。虎鲸是海洋中最可怕的动物之一，它们能够以包括幼鲸在内的各种猎物为食。

有好几种海豚目前濒临灭绝，生活在河流中

一些海豚

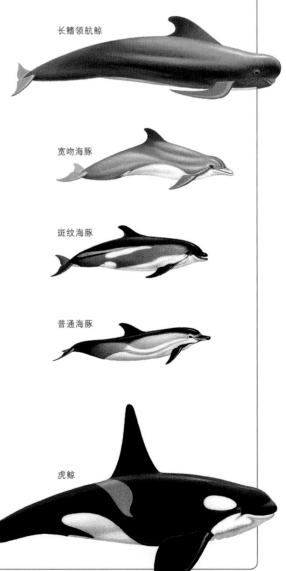

长鳍领航鲸

宽吻海豚

斑纹海豚

普通海豚

虎鲸

的海豚尤其受到威胁。大多数情况下，人们会因为偶然事件造成海豚死亡，一些淡水豚类生活的河流已被人类严重破坏。此外，有时渔船也会意外误捉海豚。

延伸阅读： 鲸脂；鲸豚类动物；虎鲸；海洋动物；领航鲸；鼠海豚；淡水豚；鲸。

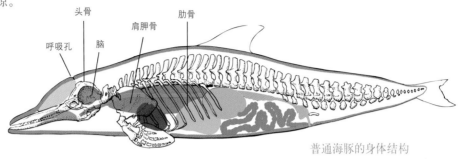

呼吸孔　头骨　脑　肩胛骨　肋骨

普通海豚的身体结构

海象

Walrus

海象是一种具有两根长牙的海洋哺乳动物，通常被认为是海狮和海豹的近亲。和其他鳍脚类动物一样，它们也具有四个鳍状肢，用于游泳和在陆地上移动。海象分布于北极地区、北大西洋和北太平洋。

一只成年雄性海象的体长可达3.7米，体重可达1400千克。海象主要吃从海底捕获的蛤蜊。

海象是唯一具有长牙的鳍脚类动物。长牙是一种位于上颌向下生长的尖牙，长度可达100厘米。海象会用长牙保护自己免受北极熊的伤害，在攀爬海冰时也会用长牙作为钩子来辅助。

延伸阅读： 象海豹；哺乳动物；鳍脚类。

海象有长牙，主要用于防御。它们的厚重毛皮能帮助它们在寒冷的冬天保持温暖。

海星

Starfish

海星是一类具有多刺皮肤和粗壮腕臂的海洋动物。大多数海星具有五条腕，但有些种类的海星具有更多腕。腕上排列着小管足，海星用它们爬行和获取食物。

如果另一种生物抓住了海星的腕，它们会舍弃那条腕而逃走，之后再长出一条新的腕。在世界上所有的海洋里都有海星的分布。世界上现存的海星有许多种。许多海星以蛤蜊和牡蛎这样的贝类为食。海星的嘴在它的身体下部，通向一个袋状的胃。为了获取食物，海星会用小管足把贝壳掰开。随后它会把胃从身体内部吐出来，用来消化猎物柔软的身体。

海星通过将卵产到海中来繁殖后代，卵会孵化为微小的海星幼体，之后成长为海星成体。

延伸阅读： 蛇尾；棘皮动物；沙钱；海参；海胆。

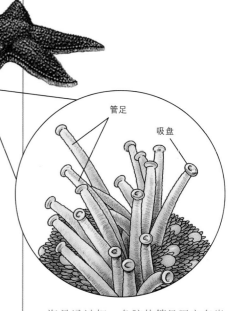

管足

吸盘

海星通过把一条腕的管足固定在岩石或海床上来移动。当管足向内拉时，海星便会向前移动。

栖息在世界海洋中的海星种类繁多，海星的大小、直径（长度）、形状和颜色各不相同。

极地饼干海星（13厘米）

福氏海星（28厘米）

棘轮海星（28厘米）

纳多海星（18厘米）

蓝指海星（38厘米）

海洋动物

Marine animal

　　海洋动物生活在海中,有许多不同种类。像鲨鱼这样的动物属于脊椎动物,还有一些像水母这样的海洋动物属于无脊椎动物。

　　海洋动物在外表和行为上十分不同。蓝鲸是有史以来体型最大的动物,但是它们与只能在显微镜下才能看到的微小生物共享着生活环境。一些海洋动物具有鲜艳的颜色,而另一些海洋动物则具有与海沙相似的颜色,从而隐藏自己以便于躲避捕食者和捕捉猎物。

　　许多人类活动会用到海洋动物。例如,牡蛎中的珍珠会被用来制成珠宝。人们还会食用许多种类的海洋动物,例如大比目鱼、螃蟹,甚至水母。

　　延伸阅读: 海洋生物学;鱼;无脊椎动物;浮游生物;脊椎动物。

浮游动物由微小的海洋动物组成。其中大多数种类只有在显微镜下才能看见。

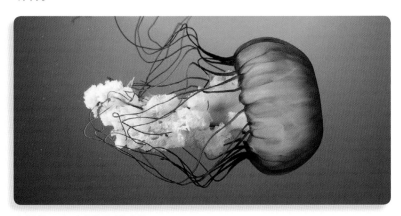

水母是一类无脊椎海洋动物。

蓝鲸是一种海洋哺乳动物,是有史以来体型最大的动物。

海洋生物学

Marine biology

海洋生物学是一门研究海洋生物的学科。研究对象涉及所有形式的海洋生命，从微小的细菌到巨型鲸类。

海洋中的各处都有生物生存。早期海洋生物学的研究仅限于靠近海岸的地方，因为那里是最容易观察研究的区域。早期海洋生物学家还会使用渔网和其他设备从深海中采集生物。水肺潜水设备的发展，为生物学家直接在自然环境中研究海洋生物提供了极大的帮助。之后，科学家制造出了特殊的潜水器。潜水器是一类能够在海面下航行的机器，甚至已经能够使海洋生物学家到达海洋中最深的区域，研究那里奇特的海洋生命。然而，大部分海洋仍然未被开发。

海洋生物学家会描述他们所观察到的生物。他们试图了解海洋生物如何获取食物、如何繁殖并与其他生物互动。科学家尝试确定海洋生物如何随时间演化而来。他们根据亲缘关系把海洋生物划分进不同门类。随着人类对海洋资源的利用越来越多，海洋生物学家的工作正变得越来越重要。

延伸阅读：生物学；海洋动物。

实验室培养的海洋浮游生物。

研究人员收集浮游动物。研究生活在特定环境中的动物种群，有助于了解人类活动对该环境的影响。

美国佛罗里达群岛国家海洋重点保护区的一名生物学家，正在用胶枪将被搁浅船只损坏的浅层珊瑚礁上的活珊瑚碎片重新粘在一起。

海鹦

Puffin

海鹦是一类与企鹅有点相像的潜水鸟类。与企鹅不同的是，海鹦能够飞行。它们栖息于大西洋和太平洋较冷的海域。海鹦的身体很厚实，头很大，喙又高又平。世界上现存的海鹦有三种，分别是北极海鹦、角海鹦和簇羽海鹦。

当海鹦准备交配时，雄性海鹦的喙会变成鲜艳的颜色。北极海鹦和角海鹦的胸部、喉咙、腹部和头部两侧都有白色的羽毛，它们的翅膀、尾部以及颈部的一部分则长着黑色的羽毛。簇羽海鹦的腹部为黑色，头部侧面则有白色的条纹状羽毛。

海鹦主要以鱼类为食，游泳和潜水能力很强。大多数海鹦会在每年6月至7月在陆地上产卵。它们会集群在多岩石的海岸和岛屿上筑巢。

延伸阅读： 鸟；鹦鹉；企鹅。

海鹦是一类具有很强的游泳和潜水能力的鸟类，栖息于大西洋和太平洋较冷的海域。

豪猪

Porcupine

豪猪是一类用坚硬的刺保护自己的动物。这些刺会从它们的背部、侧面和尾巴上生长出来。豪猪的刺其实是一种结合在一起的又长又尖的鬃毛。豪猪会用它们带刺的尾巴进行攻击保护自己。这些刺很容易脱落，并刺入攻击者的皮肤。豪猪会不断长出新的刺来代替脱落的刺。一些人认为豪猪可以向攻击者射出刺，但事实并非如此。

与老鼠和松鼠一样，豪猪属于啮齿动物。世界上的豪猪有两种类型——旧大陆豪猪和新大陆豪猪。旧大陆豪猪分布于非洲、东南亚、印度和南欧。新大陆豪猪则分布于北美洲和南美洲，大部分时间都会待在树上。

延伸阅读： 哺乳动物；啮齿动物。

北美豪猪通过坚硬而锋利、并能刺入攻击者皮肤的刺保护自己。

河狸

Beaver

河狸是一类能够自己建造水坝的毛茸茸的动物。河狸具有大而有力的门牙，它们用这些牙齿咬倒树木后，会啃掉树干上的树枝，然后把树枝拖入溪流。河狸会使用泥土和石头来固定树枝，在水中筑起一道水坝。水坝后面的地区很快就会被水淹没，从而形成一个浅水池塘。这个池塘能帮助河狸保护自己，免受捕食者的威胁。

河狸穴的一部分会建在水下。

包括尾巴在内，河狸的全长通常为90~120厘米。它们的体重为16~32千克。河狸主食林木和水草。它们不能在陆地上快速移动，却是强壮而优雅的游泳者。

河狸会在它创造的池塘中建造一个特殊的居所——河狸穴。河狸穴是由枝条和泥土做成的土墩，具有好几个水下入口，通向舒适而干燥的房间。其他动物无法到达河狸穴内部。

河狸分布于北美洲、亚洲和欧洲，不过大多数河狸种群生活在北美洲。它们会在河狸穴内哺育后代。雌性通常每次产下2~4个幼崽。

河狸的毛皮柔软而富有光泽，人们会用它制作皮草衣服。河狸毛皮一度价格很高，以至于人们几乎杀死了河狸的全部种群。现在法律禁止过多捕杀河狸，河狸的种群数量在许多地区得以恢复。

河马

Hippopotamus

河马是陆地上第三大的动物，只有大象和犀牛的体型比它们大。

河马的庞大身体就像圆桶一般，它们还有短短的腿和大大的脑袋。它们的体长通常约为4~5米，体重约为1130~1400千克。

河马会集合成5~30只的群体一起生活。它们白天在水里休息，以水生植物为食，并在河边晒太阳。它们都是游泳高手，能够在水下憋气长达6分钟之久。

延伸阅读：哺乳动物；犀牛；鲸。

一只河马宝宝出生时体重约为45千克。它们几乎立刻就会游泳，并且通常要依靠自己的妈妈来喂养。

河鲀

Puffer

河鲀是一类能像气球一样鼓起自己身体的鱼类，体长一般为5~60厘米。这类鱼能够极大地扩大自己的胃，并迅速吸水或空气使身体鼓成球状。河鲀通过使自己的身体膨胀，以保护自己不被吃掉。

世界上现存的河鲀有很多种。一些河鲀的腹部有刺，这些刺只有当膨胀时才会出现。某些小型河鲀具有一个又长又窄的鼻子。所有的河鲀都具有锋利的牙齿。河鲀会用牙齿撕碎珊瑚或各种海洋动物的壳。河鲀以蛤这样的贝类、蟹和虾为食。大多数河鲀栖息在温暖的海洋中，少数栖息在河流和其他淡水环境中。有些河鲀可以吃，但大多数河鲀都是有毒的。

延伸阅读：鱼。

河鲀能够像气球一样膨胀身体，以保护自己不被吃掉。

鹤

Crane

鹤是一类具有细长的腿部、长长的脖子和嘴的大型鸟类。最高的鹤约有1.5米高，它们的翼展可达2.3米。

鹤的雌雄个体长得很像。它们的体色范围从白色到深灰色和棕色，大多数成年鹤的头部都有一小块红色裸皮。鹤类栖息于湿地地带，以蛙类、昆虫、蜗牛以及谷物和其他植物为食。

鹤

有些种类的鹤全年都生活在温暖的地区附近。另一些种类的鹤在北方筑巢和育雏，到了秋天，它们会飞往南方较温暖的地区。到达筑巢地后，鹤类会进行交配。在交配前，雄鹤和雌鹤会一起做出舞蹈般的动作，它们张开翅膀互相环绕着舞蹈，然后它们会低下头，又仰向空中。

大多数种类的鹤分布于亚洲、非洲和欧洲，还有些种类则分布在北美。由于湿地被破坏，世界上有好几种鹤濒临灭绝。分布于北美洲的美洲鹤是世界上最珍稀的鸟类之一。

延伸阅读： 鸟；白鹭；濒危物种；鹭。

鹤鸵

Cassowary

鹤鸵是一类不会飞行的大型鸟类。它们栖息于澳大利亚、新几内亚岛以及邻近岛屿的茂密森林中，主要以水果为食，也吃昆虫和其他小型动物。

鹤鸵的体型很大，腿很长。它们的头部和颈部通常为亮蓝色，颈部同时还有亮橙色或浅红色。鹤鸵的头部有一个骨质的头盔状的覆盖物。

体型最大的一种鹤鸵叫作单垂鹤鸵，分布于新几内亚岛。这种鸟的站立高度能达到约1.5米，体重约54千克。它们的翅膀和尾巴很小，很难看清。这种鸟有粗糙的、棕黑色的羽毛。它们的每只脚上有三个脚趾，上面都带有锋利的爪子，是可怕的武器。鹤鸵偶尔会攻击甚至杀死那些侵扰它们的人，但通常情况下它们都会远离人类。近些年来，因为森林受到了破坏，鹤鸵的种群数量不断下降。

　　延伸阅读：鸟；濒危物种。

鹤鸵

黑斑羚

Impala

黑斑羚是羚羊的一种，它们以优雅的跳跃和奔跑而闻名，分布于非洲。

黑斑羚一次能跳9米，每小时可以跑80千米。

成年黑斑羚的肩高为84～94厘米，体重为45～82千克。

黑斑羚有闪亮的毛皮。它们的身体上部和两侧为红褐色，身体下部为白色。雄性黑斑羚有弯曲的角，它们的角可以长达90厘米。

最强壮的雄性黑斑羚领导着它的妻妾群，群体中会包括好几只雌性黑斑羚和幼崽。

黑斑羚以浆果、草和树叶为食。豹、狮和非洲野犬都会捕食黑斑羚。

黑斑羚栖息于非洲大草原上。

　　延伸阅读：羚羊；哺乳动物。

黑寡妇蜘蛛

Black widow

黑寡妇蜘蛛是一类危险的蜘蛛。这种蜘蛛能分泌极毒的毒液，被它咬伤的人通常会致病并感到剧烈的疼痛，甚至失去生命。黑寡妇蜘蛛的种类有好几种。黑寡妇这个词的原意是指谋杀了丈夫的女人。因为人们看到笼子里的雌性蜘蛛在交配后杀死了雄性蜘蛛，所以给它们起了这个名字。然而，这种情况在野外很少发生。

成年雌性黑寡妇蜘蛛具有闪亮的黑色身体。当它们的腿部伸展开来时，整个身体有3.8厘米长。雌性黑寡妇蜘蛛的腹部有红色的斑纹，偶尔也会有黄色或白色的斑纹。危险性较小的雄性体型比雌性小得多，它们的颜色也更鲜艳。

黑寡妇蜘蛛会在谷仓、车库或棚子的角落等黑暗的位置织网。大多数咬人事件发生是因为黑寡妇蜘蛛落在人的衣服上。最危险的一种黑寡妇蜘蛛被称为南方黑寡妇蜘蛛，主要生活在美国东南部。

延伸阅读： 蛛形动物；棕色隐遁蜘蛛；有毒动物；蜘蛛。

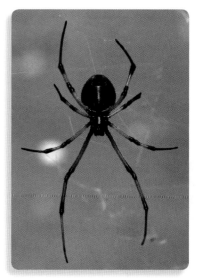

黑寡妇蜘蛛之所以得名，是因为雌性蜘蛛在某些情况下会在交配后杀死雄性蜘蛛。

黑鹂

Blackbird

黑鹂是一类具有黑色羽毛的鸟类。它们的种类很多。在有些黑鹂种类中，只有雄性才具有黑色的羽毛，而且并不是所有具有黑色羽毛的鸟都被称为黑鹂。

黄头黑鹂分布于美国西部和加拿大南部，会在开阔水面的芦苇上筑巢。

红翅黑鹂分布于遍及整个美国北部的沼泽湿地环境。雄性红翅黑鹂的肩部具有鲜艳的红色和黄色羽毛。雌性的体色则呈现暗褐色和灰色，并具有白色的胸部。红翅黑鹂在水域环境的植物中筑巢，它们的巢由草、泥巴和植物筑成。春季和秋季，红翅黑鹂会聚集在一起一遍遍地鸣唱。

延伸阅读： 鸟。

红翅黑鹂

黑蛇

Black snake

黑蛇是澳大利亚的红腹黑蛇的常用简称。这种蛇的大部分种群分布于从昆士兰北部到南澳大利亚的沿海地区。黑蛇的背部为闪闪发亮的黑色，腹面呈现粉红色至深红色。它们中的大多数能长到1.5米，有些能长到接近2.5米。它们通常生活在沼泽或溪流附近，主要以蛙类为食。雌性平均每次能生下20个后代，幼蛇常在1—3月间出生。黑蛇能够分泌毒液，它们的咬伤对人类而言几乎是致命的，不过这些蛇通常会避开人类。

黑蛇原产于澳大利亚东部和南部的沿海地区。

黑尾鹿

Mule deer

黑尾鹿是一种身形优美的鹿，具有和骡很相似的毛茸茸的大耳朵。黑尾鹿站高为90～110厘米。它们具有大而分叉的鹿角。黑尾鹿分布于从墨西哥北部到阿拉斯加、从美国得克萨斯州西部到太平洋沿岸的北美洲广阔地区。

黑尾鹿以草为食，也会取食灌木和小乔木的芽、叶和小枝，有时也会吃农作物。黑尾鹿通常只在黎明和黄昏活动。它们会以5～20只的规模群栖。黑尾鹿会在山上度夏，而在山谷中越冬。

延伸阅读：鹿角；鹿；哺乳动物。

黑尾鹿具有树枝状的大鹿角。

黑线鳕

Haddock

黑线鳕是一种分布于大西洋的鱼类。在美国马萨诸塞州、缅因州和加拿大东部的海岸附近都有黑线鳕分布，它们也会出现于英格兰、冰岛和北欧的海岸附近。

黑线鳕的身体两侧各有一条黑线，头部后面有一个黑点。一些黑线鳕的体长能达到60厘米，体重可达1.4千克。黑线鳕会成群结队地行进，它们以蟹、虾、蠕虫和小型鱼类为食。

渔民们每年都会捕获大量的黑线鳕。黑线鳕会以新鲜或冷冻的形式售卖，也会被制成鱼片、鱼条等产品。

延伸阅读： 鳕鱼；鱼；渔业。

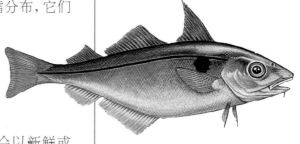

黑线鳕是一种重要的食用鱼类。

黑猩猩

Chimpanzee

黑猩猩是栖息于非洲的类人猿。在所有动物中，黑猩猩与人类的亲缘关系最近。它们聪明、好玩而且充满好奇心。

黑猩猩的身高能达到1.7米。它们身上覆盖着黑色的毛发。它们的手臂比腿长，大脚趾就像手上的拇指一般能用来爬树，因而它们的手和脚都能抓住树枝。与其他猿类一样，黑猩猩也没有尾巴。

黑猩猩主要栖息于森林中，以水果、树叶、种子和其他植物性食物为食，也会吃蚂蚁、鸟蛋、白蚁以及猴子等其他小型动物。雄性黑猩猩甚至会协作一同捕猎。

黑猩猩成群地生活。成年黑猩

一只黑猩猩正在帮年轻黑猩猩理毛。理毛是一种缓解族群成员间紧张关系的社交活动。

猩每天都会花大约一个小时的时间参与理毛这项友好的社交活动。在此期间，两只或两只以上的黑猩猩会坐在一起，互相打理对方的毛发，清除灰尘、昆虫和毛刺。黑猩猩之间偶尔也会发生争斗，以此确立哪只黑猩猩在群体中的地位最高。它们也会攻击甚至杀死其他群体的黑猩猩，雄性黑猩猩比雌性黑猩猩更为凶猛。

黑猩猩通常采用四肢着地的方式行走，用手指关节着地支撑上半身，它们也能够站立起来，用两条腿走路。它们会用喉声、咕噜声、尖叫声和手上的动作相互交流。

黑猩猩是最聪明的动物之一，它们能够制造简单的工具。一些黑猩猩能够像人类用榔头一样用石头敲打坚果，它们会使用茎干捕捉白蚁，年长的黑猩猩会教年轻黑猩猩如何制作和使用这些工具。此外，有科学家曾经教会过黑猩猩使用手语，这项研究有助于帮助科学家了解人类是如何发展语言的。

一只雌性黑猩猩一次会生下一个幼崽，它可能每三四年生一次幼崽。幼崽在5月龄之前都会跟随在妈妈身边，之后，幼崽会骑在妈妈的背上。它们会在大约6岁后离开母亲独立生活。

黑猩猩也面临着灭绝的危险。它们主要遭受着森林破坏和狩猎的威胁。目前黑猩猩受到法律的保护。

延伸阅读： 猿；倭黑猩猩；濒危物种；古道尔；哺乳动物；灵长类动物。

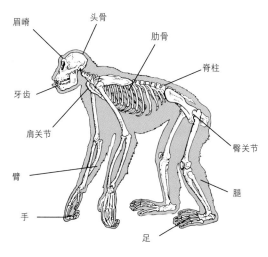

黑猩猩的骨架

恒温动物

Warm-blooded animal

恒温动物是一类体温几乎恒定的动物。鸟类和哺乳动物属于恒温动物。无论身处的环境是冷是热，它们的体温都保持不变。除此之外，几乎所有其他动物都属于变温动物。变温动物的体温会随着周围环境的温度而变化。

恒温动物的身体通过消耗食物中的能量来产生热量。颤抖和活动身体也有助于身体升温。有些哺乳动物在脖子、胸部和背部具有特殊的发热器官，称为褐色脂肪。

恒温动物的身体覆盖物能帮助它们保持温暖。鸟类的身上覆盖着羽毛。大多数哺乳动物都有毛皮。许多哺乳动物的皮肤下面还有一层脂肪，这层脂肪也使它们保持温暖。恒温动物可以通过出汗或喘气来给身体降温。

延伸阅读： 鸟；变温动物；哺乳动物。

海狗成群结队地栖息于繁殖地。与其他个体的亲密接触有助于这些动物保持体温。

尽管大象是恒温动物，但在炎热的天气里，它们仍然需要通过在水里洗澡或在泥里打滚来降温。

鸻

Plover

鸻（héng）是一类分布于世界各地海滨地带的鸟类。世界上现存的鸻有很多种。它们的体长从15～40厘米不等。鸻具有短粗的脖子和短短的喙，头部和颈部通常具有深色的斑点，站立时尖尖的翅膀则会一直延伸到尾巴末端。

鸻以昆虫、蠕虫以及蟹类等动物为食，也会取食浆果。鸻在地上筑巢。雌鸻通常产4枚卵，这些带有斑点的卵看起来与周围的鹅卵石很相像。

北美洲分布着好几种鸻。北美洲的灰斑鸻和金斑鸻每年夏天会在阿拉斯加和加拿大的北极地区产卵。它们会飞到夏威夷和南美洲的最南端越冬。其他一些常见的北美鸻类包括岩鸻、半蹼鸻、雪鸻、厚嘴鸻和双领鸻。

延伸阅读： 鸟。

鸻

横斑腹小鸮

Spotted owl

横斑腹小鸮是一种分布于北美洲西部森林山脉的猫头鹰，也分布于美国西南部和墨西哥。横斑腹小鸮体色为深褐色，脑后部、胸部和腹部有白色斑点。它们大约有46厘米高，体重约为565克。横斑腹小鸮在树洞、其他鸟类的废巢、悬崖上的洞穴或山脊上筑巢。横斑腹小鸮的种群数量正在不断下降。由于这种猫头鹰所栖息的森林不断被砍伐，所以导致它们处于濒危状态。

延伸阅读： 鸟；猛禽。

横斑腹小鸮

红背蜘蛛

Redback spider

红背蜘蛛是一种在澳大利亚很常见的有毒蜘蛛，它与美国的黑寡妇蜘蛛和新西兰的卡提波蜘蛛亲缘关系密切。体型较小的雄性红背蜘蛛几乎没有危险，但体型较大的雌性红背蜘蛛会分泌剧毒的毒液。雌性红背蜘蛛具有如豌豆般大小的光滑黑色身体，以及又细又黑的腿，背上还有一条纹路，颜色从天鹅绒般的橙色到深红色。红背蜘蛛偶尔会咬人。被雌性红背蜘蛛咬伤的人可能会生病，并感到非常痛苦，不过因此而死亡的案例非常罕见。

延伸阅读： 黑寡妇蜘蛛；有毒动物；蜘蛛。

红背蜘蛛的身体顶部和底部都具有醒目的红色斑纹。

红尾蚺

Boa constrictor

红尾蚺（rán）属于大型蚺，它们的体长可达3～4.3米。红尾蚺并非毒蛇，它们捕食时把猎物挤压到无法呼吸，从而杀死猎物。红尾蚺分布于中美洲和南美洲。

红尾蚺通常采取伏击的方式捕猎，主要捕食鸟类和其他小型动物。红尾蚺并不产卵，它们会直接生出小蛇，它们一次能生出50条小蛇。

延伸阅读： 蚺；爬行动物；蛇。

红尾蚺是一种原产于中美洲和南美洲的大型蛇类。它们并非毒蛇，捕食时以挤压缠绕的方式杀死猎物。

猴

Monkey

　　猴是一类通常生活在树上的小型哺乳动物的通称。猴属于灵长类动物，灵长类动物是包括猿和人在内的一类动物。猴分布于非洲、亚洲、中美洲和南美洲。

　　世界上现存数百种猴，包括狒狒、卷尾猴、吼猴、猕猴和蜘蛛猴。它们大多栖息在温暖潮湿的森林中，也有许多在生命中的大部分时间里都待在树上，还有些则栖息于大草原甚至沙漠中。

　　猴的体型大小差异很大。不算尾巴，最小的体长约为15厘米，最大的体长可达80厘米。猴有长长的胳膊和腿，能够帮助它们在树枝间奔跑和跳跃。它们还会用自己的手和脚去抓握包括小块食物在内的物品。分布于中美洲和南美洲的猴类还能用自己的尾巴来抓握东西。

　　大多数猴类会取食它们所能找到的任何食物，包括花、水果、草、叶、坚果、根、鸟、鸟蛋、蛙类、昆虫和蜥蜴。同时，猴类也会被鹰、鬣狗、豺、豹和狮子等各种各样的动物捕食。

　　猴属于群居动物。群体规模能从小家庭到多达100只个体的团体不等。猴也是比较聪明的动物。

　　许多人以为猿也是猴，黑猩猩、长臂猿、大猩猩和猩猩都属于猿，但猴和猿在好几个方面不同。例如，猴一般都有尾巴，但猿没有。此外，猿比猴体型更大，也更聪明。

　　许多种类的猴目前都处于灭绝的危险中。它们主要受到森林和其他生境被破坏的威胁。人类也猎杀了大量的猴。

猴是一类在全世界许多大陆都有分布的小型哺乳动物。

长尾猴的骨架

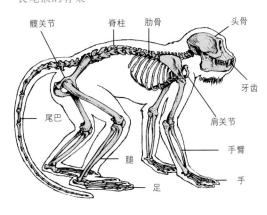

髋关节　　脊柱　　肋骨　　头骨

牙齿

尾巴

肩关节

腿

手臂

足　　手

猴的骨骼与大多数灵长类动物的骨骼相似。猴的大脚趾从外观和动作上，都与大拇指很相像。

延伸阅读：猿；狒狒；濒危物种；吼猴；狐猴；哺乳动物；山魈；狨猴；灵长类动物；长鼻猴；猕猴；雪猴；蜘蛛猴；松鼠猴；狮面狨和柽柳猴。

科学家把猴类分为新大陆猴类和旧大陆猴类。新大陆猴类分布于中美洲和南美洲，旧大陆猴类分布于非洲和亚洲。

旧大陆猴类
夜猴
白臀叶猴

新大陆猴类
赤秃猴
普通卷尾猴
长鼻猴
德氏长尾猴

吼猴

Howler

　　吼猴是一类吵闹的大型猴类。吼猴所发出的咆哮声或嚎叫，在3.2千米外都能听到。在黎明时分，当吼猴被打扰或者两群吼猴相遇时，它们便会发出吼叫。吼猴的族群通常有15～20名成员。从墨西哥南部到巴西东南部的热带森林里都分布有吼猴。吼猴有许多不同种类。

　　吼猴的体重为5.4～9千克，体长约为60厘米，它们强有力的尾巴也有60厘米长。不同种类吼猴的毛色会呈现黑色、褐色或红色。吼猴以树叶、花、浆果和坚果为食，它们在取食时，会用手抓住树枝缓慢地穿过树木。

吼猴属于大型猴类。

延伸阅读：哺乳动物；猴；灵长类动物。

鲎

Horseshoe crab

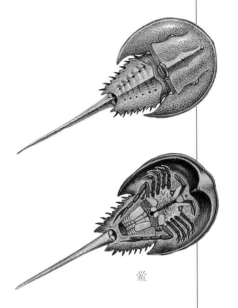

鲎（hòu）是一类外壳形状与马蹄相似的海洋动物，所以它们的英文名直译为马蹄蟹，有时也被称为帝王蟹。但鲎并不是真正的蟹，它们是在距今至少4.45亿年前出现在地球上的动物类群中唯一幸存下来的成员，它们的近亲是蝎子和蜘蛛。

世界上现存的鲎有好几种。体型最大的鲎的体长可达60厘米，分布于北美洲东海岸，另外三种分布于东南亚和菲律宾的沿海水域。

鲎的身体分前体和腹部两部分。前体在外壳下面，包含头部和六对足。其中两条前足具有能够捕捉猎物的钳子，另外五对足是用来行走的。

鲎的腹部有六对扁平的板状结构。它们的生殖器官位于一对板状结构的前端，剩下的板状结构中有用于呼吸的腮。还有一个分节的刺从腹部后面伸出，这个刺有挖掘的功能。

鲎以从泥沙中挖掘出的蠕虫和贝类为食。鲎在春季交配。雌鲎在沙中的洞里产卵，随后雄鲎会使卵受精。鲎正遭受着过度捕捞和产卵区被破坏的威胁。

延伸阅读： 节肢动物；蟹；蝎子；蜘蛛。

鲎

呼吸

Respiration

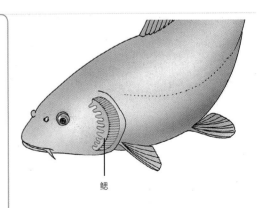

呼吸是人类和其他生物获取和使用生存所需的氧气的方式，氧气是存在于我们周围空气中的一种气体。呼吸还包括排出二氧化碳，二氧化碳是生物使用氧气时所产生的一种废气。

身体需要能量才能工作。身体利用氧气产生能量，同时也制造出二氧化碳和水。二氧化碳和水是呼吸作用所产生的废物。

鳃

鱼类和许多其他水生动物没有肺，而有鳃。大多数鱼类的鳃位于头部两侧的鳃盖下面。为了获得氧气，鱼从嘴里吸水，然后把水泵至鳃处而获得水中的氧。

动物会从周围环境中吸取氧气，并把它们带入到细胞中。而二氧化碳则会从细胞中被带走，它们会被排入空气或水中。

人类和许多其他动物通过呼吸吸入氧气、排出二氧化碳。肺是人类用于呼吸的器官，位于人的胸部。许多生活在水里的动物，例如鱼类，没有肺而有鳃。鳃具有薄薄的外壁，可以让水中的氧通过鳃进入鱼的体内。

延伸阅读： 细胞；鳃。

狐蝠
Flying fox

狐蝠是一类大型蝙蝠。它们分布于世界上许多温暖的区域，在南太平洋地区尤其常见。世界上现存的狐蝠有几十种。

狐蝠的头部和身体全长约为30厘米，翼展可达到2米。狐蝠与真正狐狸的亲缘关系并不近。

狐蝠之所以得名，是因为它的脸看起来与狐狸的脸很相似。

狐蝠主要以水果为食，也会取食花蕾、花蜜和花粉。白天时，它们会和其他果蝠一起倒挂在树上。狐蝠能够飞行很远的距离搜寻食物。狐蝠遭受着森林破坏和捕猎的威胁，有些种类有完全灭绝的危险。

延伸阅读： 蝙蝠；哺乳动物；翅膀。

狐蝠是一类翼展能够达到2米的蝙蝠。

狐猴
Lemur

狐猴是一类分布于马达加斯加的与猴子相似的动物。狐猴并不是真正的猴子，但它们也属于灵长类动物。灵长类动物包括猴、猿和人类。

狐猴的种类有很多种。体型最小的狐猴是小鼠狐猴，看起来就像是毛茸茸的老鼠一般。体型较大的狐猴包括与普通猴类相似的环尾狐猴，它们的身体上部呈现灰色，下体则为白色，有黑白相间的毛茸茸的尾巴。领狐猴的体色常常为黑白相间，它们还有一个蓬松的白色领部。

环尾狐猴与其他狐猴不同，它们通常栖息于地面上而不是树上。

在大部分时间，狐猴都会待在树上。它们主要以水果和树叶为食。狐猴会被缟狸所捕食，缟狸是一种看起来与大型猫科动物相似的动物。许多种类的狐猴都有灭绝的危险。栖息的森林遭到破坏，是它们面临的主要威胁。

延伸阅读：缟狸；哺乳动物；猴；灵长类动物。

狐狸

Fox

狐狸是一类长着毛茸茸的尾巴并与狗相似的动物。狐狸是优秀的捕食者，它们可以捕捉诸如兔子或鸟类等速度快捷的动物。除了南极、东南亚和一些岛屿，狐狸在世界各地都有分布。许多狐狸栖息在森林和沙漠，一些则栖息在城市的森林里。世界上现存的狐狸有好几种。它们是郊狼的近亲。

狐狸是郊狼的近亲。

狐狸的体型相对较小，不包括尾巴，它们的体长可达60～70厘米，它们的尾长为35～40厘米，大多数狐狸的体重为3.6～5千克。

在幼崽成长的过程中，狐狸是群居的。在其他时候，它们独自或成对生活，它们不会像狼那样成群结队。一只雌性狐狸会在冬末或早春生下自己的幼崽，狐狸一胎会产下3～9个幼崽。

延伸阅读：北极狐；郊狼；哺乳动物。

胡瓜鱼

Smelt

胡瓜鱼是一类银色的鱼，栖息在寒冷的北方水域中。世界上现存好几种不同的胡瓜鱼，大多数体长都不到20厘米。

有些种类的胡瓜鱼只栖息在咸水里，分布于大西洋和太平洋北部以及北冰洋。另一些种类则只栖息于淡水河流和小溪中。还有一些种类主要栖息在咸水环境中，但也会迁徙到淡水中产卵。

彩虹胡瓜鱼是最常见的一种胡瓜鱼，许多人会在春天用网捕捉它们。

胡瓜鱼是很有价值的食用鱼类。许多都是以冷冻的形式出售的。

延伸阅读：鱼。

彩虹胡瓜鱼分布于大西洋沿岸以及北美洲的冷水湖泊中。

胡狼

Jackal

胡狼是一类分布于亚洲、非洲和欧洲东南部的野生犬科动物。人们经常会在晚上听到它们哀嚎般的声音。

胡狼是以动物尸体为食的食腐动物，因此，它们在一些亚洲和非洲城市里，是重要的"街道清洁工"。胡狼身上有一股骚臭味，因为这个原因，没有人饲养胡狼作为宠物。

与狗相比，亚洲胡狼与狐狸更相像。它们的肩高约为36厘米，体长可达76厘米。它们浓密的尾巴可以长到20厘米长。胡狼的毛色呈现灰黄色或褐色。非洲的黑背胡狼因其皮毛而备受推崇，它们的皮毛比亚洲胡狼更引人注目。

延伸阅读：狗；狐狸；哺乳动物。

胡狼

蝴蝶

Butterfly

蝴蝶是一类具有色彩斑斓的美丽翅膀的昆虫。蝴蝶翅膀上的图案可能有条纹状、点状、条状、旋涡状或其他形状。世界上现存成千上万种蝴蝶。除了最寒冷的地方，蝴蝶栖息于世界上大部分地区的陆地上。

蝴蝶与蛾的亲缘关系密切，但也有四个主要的区别。(1) 大多数蝴蝶白天活动；而大多数蛾则在日落后或夜晚活动。(2) 大多数蝴蝶的触角末端具有球状突起或者略微肿大；而蛾的触角上则没有这种突起。(3) 大多数蝴蝶都有薄而无毛的身体；而大多数蛾都具有毛茸茸的身体。(4) 在停歇时，大多数蝴蝶翅膀会保持直立；而大多数蛾的翅膀则会摊平。

蝴蝶有两只大眼睛和两个长长的须状触角，蝴蝶通过它的触角感受气味、声音和外界刺激。蝴蝶的嘴呈现长长的吸管状，用于吸食植物汁液和甜美的花蜜。蝴蝶有六条腿和两对翅膀，翅膀被许多微小的鳞片遮盖，正是这些鳞片使蝴蝶

蝴蝶会用长长的虹吸式口器吸食植物汁液和甜美的花蜜。

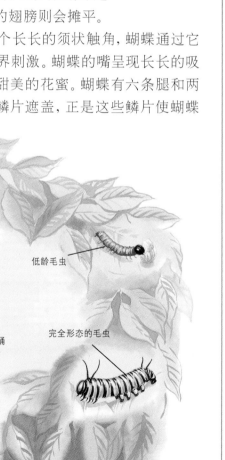

卵

低龄毛虫

蝴蝶

完全形态的毛虫

蛹

的翅膀具有不同颜色和图案。

蝴蝶的生命从一枚小小的卵开始。卵会孵化成毛虫，毛虫与蠕虫有些相像，它们有用来取食树叶和植物其他部分的咀嚼式口器。毛虫会将自己的大部分时间花在进食和成长上。随着成长，毛虫必须长出新的、更大的皮肤，并褪去旧的皮肤，这个过程叫作蜕皮。毛虫会经历好几次蜕皮。

最终，毛虫会变成蛹，蝶蛹为硬壳形态，在壳内，幼虫会缓缓变为成虫。之后蛹壳打开，蝴蝶就会从里面出来。它们的翅膀很快会变干，接着就会飞走寻觅配偶。随后，雌性蝴蝶产卵，新的一批毛虫也随之诞生。蝴蝶通常会在交配后不久死去。

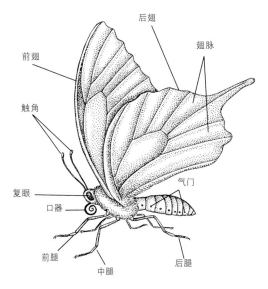

雌性蝴蝶的身体结构

由于有些毛虫对农作物有害，所以会被人们认为是害虫。危害最严重的害虫之一便是卷心菜里的毛虫，它以卷心菜、花椰菜和相关蔬菜为食。不过，毛虫仍然是大自然的重要组成部分。成年后的蝴蝶能够帮助植物传播花粉，当蝴蝶停留在花朵上吸蜜时，花粉粒会沾在它们身上。有些花粉粒会在蝴蝶拜访下一朵花时脱落。大多数开花植物都必须通过授粉才能形成种子和果实。

延伸阅读：毛虫；蝶蛹；昆虫；变态发育。

虎

Tiger

虎是体型最大的野生猫科动物。一只成年雄虎的体长约为2.7米，一只成年雌虎的体长约为2.4米。野生虎只分布于亚洲。

虎是哺乳动物，具有巨大而有力的身体。虎的毛皮颜色从棕黄到橙红，毛皮上还具有黑色条纹。每只虎都有独特的条纹图案，这就像人类的指纹一样。它们的喉部、腹部和腿部内侧的毛皮呈白色。

成年虎独自生活。虎是优秀的捕猎者，它们

虎在短距离内的奔跑速度很快。不过如果虎不能迅速捕获猎物，它可能就会选择放弃，因为它很快就会感到疲惫。

具有敏锐的视觉、听觉和嗅觉。它们主要捕食鹿、野牛、羚羊和野猪。虎在晚上捕猎,它们会悄悄匍匐接近猎物,然后冲过去把它按倒。

　　许多人崇拜虎,因为它们强壮而美丽。但是有些人害怕虎,因为它们会攻击人类。科学家认为,大多数会杀死和吃掉人类的虎都是生病或受伤的。

　　人类杀死虎,砍伐森林,从而大大减少了虎的数量。虎受法律保护,但它们仍然受到非法捕猎的威胁。世界上许多动物园通过繁殖和饲养虎来保护它们。

　　延伸阅读: 食肉动物;猫;哺乳动物。

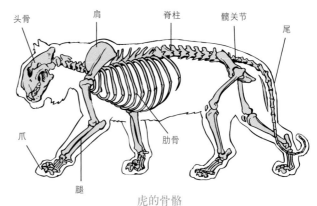

头骨　肩　脊柱　髋关节　尾　爪　肋骨　腿

虎的骨骼

虎鲸

Killer whale

　　虎鲸是体型很大的海洋动物。它们分布于世界上的所有海洋中,尤其喜爱寒冷的水域。它们也是哺乳动物,以乳汁喂养幼崽。虎鲸也被称为逆戟鲸。

　　虎鲸的体长可达9米,体重可达9吨。它们的背部呈现闪亮的黑色,身体下部则为白色。

　　虎鲸以各种各样的动物为食,它们会捕食鲑鱼和其他鱼类、海豹、其他海豚和鲸类,不过它们没有攻击人类的记录。

　　虎鲸有很高的智力。它们常常群居在一起,每个虎鲸群由几只雌性和它们的后代共同组成,群体中的成员会通过低频叫声相互交流,整个虎鲸群能够共同进行捕猎。

　　尽管虎鲸的名字与其他海豚不同,但它们实际上仍然属于海豚,虎鲸是体型最大的一种海豚。

　　延伸阅读: 鲸豚类动物;海豚;哺乳动物。

虎鲸

虎猫

Ocelot

虎猫

虎猫是一种中等大小的野生猫科动物,分布于从美国南部一直延伸到巴拉圭的广大地区。它们大部分时间在地面上。不过,它们也具有极佳的攀爬能力,常常会在树上狩猎。虎猫以鸟类、小鹿、蜥蜴、家鼠、猴子、兔子、林鼠和蛇为食。

虎猫的毛皮颜色从橙红色到烟熏白色都有。它们的身上布满黑色斑点,黑斑大小不一,有腿上和脚上的小斑点,也有身体其他部位的大斑点。虎猫具有粉红色的鼻子和清澈的大眼睛。

延伸阅读: 猫;哺乳动物。

虎皮鹦鹉

Budgerigar

原产于澳大利亚的虎皮鹦鹉是全世界流行的宠物。

虎皮鹦鹉是一种原产于澳大利亚中部的鹦鹉,现在是遍布全球的宠物。

这种鸟体长约200毫米。野生虎皮鹦鹉体色为绿色,喉部和前额为黄色,尾巴为蓝色,脸颊上还有蓝色的斑点。它们会集群生活和迁徙。虎皮鹦鹉以种子为食,常在树洞中产卵。

人们可以通过鼻孔皮肤的颜色来判断成年虎皮鹦鹉的性别。雄性虎皮鹦鹉的鼻孔皮肤呈蓝色,而雌性则为褐色。

虎皮鹦鹉十分适合作为宠物。像其他小型鹦鹉一样,它们活泼好玩而且又聪明,甚至可以学人说话。

延伸阅读: 鸟;长尾小鹦鹉;宠物。

虎鲨

Tiger shark

虎鲨是一种大型鲨鱼。其背部和两侧的深色条纹有点像老虎身上的条纹，故名。虎鲨的体色常常为蓝灰色，体长可达5米。它们具有结实的锯齿状牙齿。

与大多数鱼类不同，雌虎鲨会将卵留在体内直到幼鲨孵化。雌虎鲨最多能产下46条幼鲨。

虎鲨在澳大利亚海域很常见。在温暖的季节里，人们还可以在北大西洋发现它们。

虎鲨曾经有过咬伤甚至杀死人类的案例，但是这种攻击是极其罕见的。

科学家认为虎鲨的种群数量正在迅速下降。渔船每年都捕获了大量的鲨鱼。

延伸阅读：鱼；鲨鱼。

虎鲨因其背部和侧面突出的黑色条纹而得名，这些条纹看起来像老虎身上的条纹。

虎蛇

Tiger snake

虎蛇是澳大利亚的一种毒蛇。现存的虎蛇有好几种，体色从灰色到深浅不一的棕色、橄榄绿和黑色。

虎蛇的体长可达2米，但大多数种类的体长都不到1.5米。虎蛇以蛙类和各种小型哺乳动物为食。它们咬人时会释放出剧毒的毒液，可致人死亡。

延伸阅读：有毒动物；爬行动物；蛇。

虎蛇

花栗鼠

Chipmunk

花栗鼠是分布于亚洲和北美洲的带条纹的小型动物。花栗鼠属于啮齿动物，啮齿动物是一类具有不断生长的门齿的小型哺乳动物。

大多数生活在北美洲的花栗鼠包括尾巴在内的体长约20厘米。它们的面部、背部和身体侧面有明暗相间的条纹，背部的其他部分、腿部和尾部则均为红棕色。

花栗鼠住在地下洞穴里，它们经常会收集种子和坚果并储存在自己洞穴的通道内。冬季它们通常会冬眠，在温暖的日子里，它们也会醒来，吃一些自己储存的食物。

雌性花栗鼠每年会生产2~8只幼崽。如果不被别的动物捕食，花栗鼠可以存活2~3年。

花栗鼠是一种原产于亚洲和北美洲的啮齿动物，它们生活在地下的洞穴里。

延伸阅读： 地松鼠；哺乳动物；啮齿动物。

化石

Fossil

化石是很久以前死去生物的遗骸。化石可能具有上万年或数百万年的历史，能够帮助科学家了解过去生存的动植物。这些生物大多在很久以前就已经灭绝了。化石是科学家了解史前生物的主要途径之一。

一具铸模化石在三叶虫的身体腐烂后保存了它的形态。

有些化石是动物的骨骼。骨骼之所以能够被保存下来，是因为它们已经转变为了石头。当矿物质被水带入骨骼时，矿物质会慢慢地取代骨骼，化石就以这种方式形成了。石质化石可以保存数百万年之久，一些石质化石能够保存超过5亿年。树木和植物的化石也可以以类似的方式形成。

还有一些化石属于印痕化石，这些化石保存了

一具碳化的蕨类化石保存了叶片的形状。

伦敦自然历史博物馆展出的一具禽龙的骨骼化石。

生物的轮廓。当生物在泥沙中死亡并被覆盖之后，就有可能形成印痕化石。随着数百万年时间逝去，泥沙会在压力下转变成岩石，而生物体的平整印痕也会留在岩石中。大多数没有骨骼的动物的化石都是以这样的方式形成的。

当动物被泥沙掩埋后，也可能形成铸模化石。这些动物并没有变得扁平，而是在泥沙里变成岩石保持着自己的立体形态。后来，水冲走动物的遗骸，留下了动物身体形态的空间。矿物质有时会填满这个空间。在这种情况下，化石被称为铸型，这个铸型就像一个天然的雕塑。

化石还具有其他形式。一种叫作琥珀的硬化的树脂可以保存昆虫和其他小型动物。动物也可以被保存在沥青坑中或永久冻土中。

延伸阅读：恐龙；古生物学；史前动物。

始祖鸟的印痕化石是在软淤泥中埋藏时开始形成的。随着时间推移，淤泥变成了石灰岩，为保存始祖鸟的翅膀和尾羽轮廓提供了基础。始祖鸟是生活在距今1.5亿年前的一种食肉动物。这具化石发现于19世纪60年代，是世界上最著名和最重要的化石之一，它第一次为鸟类由爬行动物演化而来提供了确凿的证据。

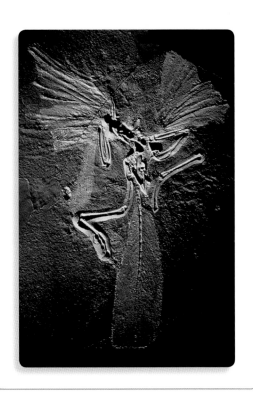

一种史前鱼类生活在大约4亿年前的海洋中。

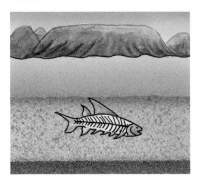

当鱼死亡后，它的身体沉入海底。

泥沙覆盖了动物的身体。肉会腐烂，身体的其他部分变成了化石。

獾

Badger

獾是一类以挖掘能力著称的哺乳动物。獾通过挖掘而生活，也通过挖掘逃离危险。獾的挖掘速度十分快。

世界上一共有8种獾。美洲獾是其中唯一一种生活在北美洲的獾。另一种著名的獾是狗獾，它们广布于欧洲和亚洲的北部地区。

獾具有短而宽的身体和浓密的尾巴。它们的脚为黑色，上面有长长的爪了·。大多数獾的头部和脸部都有白色和黑色的斑纹。

在夜间，獾的活动最为活跃。它们会捕食地松鼠和草原犬鼠，以及兔子、蜥蜴、鸟类和昆虫。通常它们会试图躲避天敌，但同样也可以对天敌发起凶猛的反击。

延伸阅读：哺乳动物；蜜獾。

獾

环境

Environment

湿地环境包括柏树和水生鸢尾等水生植物、蛙类和龟类等两栖类和爬行类动物，以及河狸和麝鼠等哺乳动物。

环境指的是生物周围的一切因素。动物的生存环境的重要组成部分包括阳光、植物和其他动物。

环境中的非生物因素包括温度和阳光，它们组成环境中的非生物环境。生物——或者曾经活着的生物，例如动物的遗骸——构成了生物环境。两者结合在一起，非生物环境和生物环境共同构成了整体环境。

研究生物与其环境之间关系的学科就叫生态学。研究生态学的人称为生态学家。

延伸阅读：自然平衡；生物群落；生态学；食物链；食物网；生境。

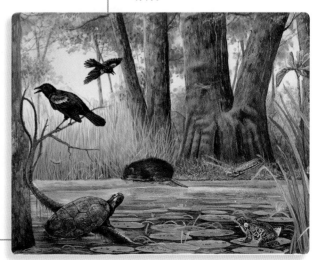

鹮

Ibis

鹮是一类涉禽的通称。涉禽指的是那些喜欢在浅水中站立和行走的鸟类。鹮有细长而向下弯曲的喙，还有长长的颈部和腿。鹮的体长为46~107厘米。鹮通常栖息于水域附近，以鱼类、蛙类和昆虫等小型动物为食。鹮会集群筑巢，最多可达数千只，它们用树枝或其他植物材料筑巢。雌鹮每次会产卵3~4枚，这些卵大约会在一个月后孵化，鹮的父母双方都会参与照顾卵和雏鸟。

世界上现存许多不同种类的鹮，有分布于非洲的埃及圣鹮，还有分布于南美洲的色彩鲜艳的美洲红鹮。

延伸阅读：鸟；鹮。

美洲红鹮原产于南美洲。

浣熊

Raccoon

浣熊是一类尾巴上具有环纹和绒毛的动物。它们的眼睛周围具有一圈黑色的毛发，看起来像一个面具。浣熊分布于北美洲和南美洲。世界上现存的浣熊有好几种。

浣熊的体型和小狗差不多。它们具有一个尖尖的鼻子，身体的大部分毛发呈灰色。大多数浣熊的尾巴上具有5~7个黑色的环纹。

无论是在地面还是树上，浣熊都能栖息。它们的游泳能力很不错。浣熊以小型动物、谷物、水果和种子为食。浣熊通常晚上觅食，白天待在洞穴里。

延伸阅读：南浣熊；哺乳动物；大熊猫和小熊猫。

浣熊会用像手一样的前肢在溪流中寻找鱼类、蛙类或其他小型动物。

黄蜂

Wasp

黄蜂是一类与蜜蜂和蚂蚁具有紧密亲缘关系的昆虫。它们属于有刺的昆虫，但只有雌性黄蜂有刺。世界上现存的黄蜂种类成千上万。除了最冷的地区，它们在世界上大部分地方都有分布。

与其他昆虫一样，黄蜂的身体有三个主要部分，即头部、胸部和腹部。它们也具有六条腿和两个触角。大多数黄蜂具有翅膀，而且会飞。黄蜂的颜色为黄色或黑色。有的种类兼具两种颜色，有的则具有条纹。

黄蜂以幼虫的形式从卵中孵化出来，幼虫有点像小小的蠕虫。当幼虫生长到完整尺寸时，它会织一个茧遮蔽身体。在茧内，幼虫会变成蛹，然后变成黄蜂成虫。这个过程称为变态发育。

黄蜂成虫会吸食甜美的花蜜。一些黄蜂捕食昆虫和蜘蛛，为它们的后代提供食物。黄蜂主要分为两类。一类通常独自生活，即泥蜂。这类黄蜂在地上或空心树枝上筑巢，也可以修筑泥巢。

另一类黄蜂群栖，包括马蜂和小黄蜂。每个群体都有一个产卵的蜂后。群体中的工蜂筑巢并照顾幼虫，它们用纸浆筑巢。雌蜂通过咀嚼植物或旧木头来制造纸浆。科学家将这类黄蜂认定为群栖性昆虫，蚂蚁和一些蜜蜂也属于群栖性昆虫。

延伸阅读： 蚂蚁；蜜蜂；马蜂；昆虫；变态发育；小黄蜂。

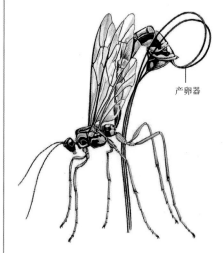

产卵器

雌性姬蜂具有一个长长的产卵器。它用产卵器在其他昆虫的幼虫体内产卵。

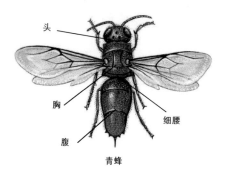

头
胸
腹
细腰

青蜂

泥蜂

小黄蜂

北美洲最常见的三种黄蜂是青蜂、泥蜂和小黄蜂。

蝗虫

Grasshopper

蝗虫是一类跳跃能力出众的昆虫，其跳跃距离是自己体长的20倍。蝗虫分布于世界上大部分地区，世界上现存的蝗虫种类有数千种。

蝗虫的体色有绿色、黑色或棕色。这类昆虫的头上具有五只眼睛（一对复眼，三只单眼）以及两个触角。与所有的昆虫一样，它们有六条腿。它们会用自己两条强有力的后腿进行跳跃。而在行走时，它们会使用自己全部六条腿。大多数蝗虫有两对翅膀，前翅对后翅起保护作用。蝗虫用翅膀进行飞行。

大多数蝗虫以植物为食。有些种类的蝗虫属于害虫，它们能够毁掉整片农田的农作物。

延伸阅读：蟋蟀；昆虫；短触角蝗虫；有害生物。

有时成千上万的蝗虫会进入同一个地区，吃掉包括农作物在内的几乎所有植物。

灰鲸

Gray whale

灰鲸是一种中等体型的鲸类，它们分布于太平洋。这种鲸的皮肤是灰色的，上面有浅色的斑点，后背处有一个隆起的背鳍。灰鲸的体长能达到13米。

灰鲸属于须鲸，须鲸没有牙齿，它们的嘴里有一种叫作鲸须的薄板状结构。

灰鲸以生活在海底的微小动物为食。它们用嘴吸取泥和水，然后将泥和水从嘴里挤出。鲸须能像筛子一样进行过滤，从而将食物留住。

灰鲸每年都会进行长途迁徙。每年秋季，它们从阿拉斯加游到墨西哥，第二年春季，它们又会游回北方的水域。

延伸阅读：鲸豚类动物；鲸。

灰鲸与幼鲸

喙

Bill

喙是鸟嘴中强壮的最外部分，由一种类似人类指甲的韧性覆盖材料构成。不同的鸟类喙的形状不同，这主要取决于鸟类所吃的食物。

吃种子的鸟类具有坚硬的锥形喙，用起来就像胡桃夹子一般。吃水果的鸟类也具有锥形喙，它们用锋利的喙尖割开橙子或其他水果的果皮。啄木鸟具有很长的、形状像凿子一般尖利的喙，它们会用喙钻进树木中寻找昆虫。

鸭子具有许多不同类型的喙。许多鸭子的喙宽宽的，边缘带有几百个小洞，它们用这种喙收集漂浮在水面上的植物，沿着喙边缘分布的小洞能够使水排出。

大多数食鱼的鸟类都具有一个长而尖的喙，它们用喙来戳鱼。鹈鹕和其他一些食鱼鸟类则用它们巨大的喙从水中捞取鱼类。

对于有些鸟类，喙的形状还有其他作用。例如，巨嘴鸟的喙很大，并且颜色鲜艳，有助于雄性巨嘴鸟吸引雌性巨嘴鸟。同时这个喙还能散发热量，帮助其保持凉爽。

延伸阅读： 鸟；鸭；巨嘴鸟。

巨嘴鸟会用水果和浆果来玩接球游戏。巨嘴鸟也会用它们的喙进行"决斗"。

喙的不同与鸟类的食物和取食方式息息相关。强壮的钩状喙帮助鸹鹠和雕撕碎它们的猎物。金刚鹦鹉和巨嘴鸟用喙掰开坚果、剥开水果。银鸥的喙适合它食腐动物的角色。鸭子用它扁平的喙从水中拉扯食物。蓝山雀用短喙捕食昆虫，而蜂鸟则用又长又窄的喙吸食管状花内部深处的花蜜。

蓝眼鸹鹠   金雕   彩虹巨嘴鸟   琉璃金刚鹦鹉

银鸥   翘鼻麻鸭   剑嘴蜂鸟   蓝山雀

喙头蜥

Tuatara

喙头蜥又称斑点楔齿蜥，是一种与蜥蜴相似的爬行动物。喙头蜥是在2亿多年前出现的爬行动物中唯一一类存活至今的类群。只有两种喙头蜥分布于新西兰附近的一些小岛上。

喙头蜥的皮肤呈灰色或绿色，背部和尾部具有鳞片，体长可达60厘米。喙头蜥通常在白天睡觉，夜晚则出来捕捉昆虫、蜗牛、鸟类和小型蜥蜴。雌性喙头蜥会在洞穴里产下8~15枚卵，这些卵将在约一年后孵化。

喙头蜥的尾巴很容易脱落。如果攻击者抓住了它们的尾巴，喙头蜥就会使其脱落。喙头蜥的尾巴随后会再长出来。

喙头蜥的寿命很长，有些个体被认为已经存活了77年之久。

延伸阅读： 蜥蜴；爬行动物。

喙头蜥是一种小型爬行动物，背部和尾巴上长有多刺的鳞片。

人们从野生火鸡中培育出许多不同火鸡品种。其中两个称为波旁红火鸡和青铜火鸡。

火鸡

Turkey

火鸡是一种分布在北美洲，与鸡、孔雀和雉鸡具有亲缘关系的大型鸟类。人类为了获取肉类饲养了大量的火鸡。在美国和加拿大，火鸡是感恩节和圣诞节的传统晚餐。

野生火鸡会集群栖息在森林里。它们会飞且奔跑速度很快，以昆虫、坚果、种子，以及浆果这样的小果实为食。晚上，它们会睡在树上。人工饲养的火鸡不能飞行，因为体重太重，翅膀支撑不了。

野生成年雄性火鸡体长约为1.2米，体重约为4.5~7.3千克。雄火鸡的头和脖子为红色，没有羽毛，下颌下会有一块沿颈部垂下的长而松的皮肤，称为垂肉。雌火鸡的体型比雄火

青铜火鸡　　波旁红火鸡

野生火鸡

鸡小。

延伸阅读：鸡；牲畜；雉鸡；家禽。

火烈鸟

Flamingo

火烈鸟从粉红色到红色的羽色来自它们所取食的甲壳动物。

　　火烈鸟是一类具有很长的腿和明亮粉红色羽毛的鸟。世界上现存好几种火烈鸟，它们分布于温暖的地区，栖息于湖泊、湿地和海洋周围。

　　大多数火烈鸟体高为90～150厘米。火烈鸟有弯曲的喙和脖子，它们的喙中布满了硬毛，可以用来过滤水中的甲壳动物和其他食物。火烈鸟的脚上有蹼。

　　火烈鸟群居。它们会在泥沼中筑巢。幼年火烈鸟的羽毛呈现灰色，成年火烈鸟有粉红色到红色的羽毛，它们从所取食的甲壳动物身上获得这些颜色。它们可以存活15～20年。

延伸阅读：鸟。

火蚁

Fire ant

当火蚁受到侵扰时，它们就会成群结队地从巢中冲出，并实施令人痛苦的、带有灼烧感的叮咬。

　　火蚁的叮咬令人痛苦、带有灼烧感。世界上现存的火蚁有数百种。红火蚁是美国东南部的主要害虫，它们建造了巨大而坚硬的土堆状巢穴，这甚至会损坏农场的农用机械。成千上万的火蚁可能共同生活在一个土堆中，有些地区0.4公顷面积内就有超过200个土堆。如果人或其他动物惊扰了火蚁的巢穴，火蚁就会成群出动发动攻击。它们的叮咬会让人十分痛苦，有些人会有严重的过敏反应，甚至可能致命。红火蚁原产于南美洲，于20世纪30年代被引进到美国。如今在美国，从得克萨斯州中部到北卡罗来纳州都有它们的身影。

在美国东南部还分布着另外四种危害较小的火蚁，其中三种是这个地区土生土长的。第四种则是被引入的黑色火蚁，它们也是来自南美洲的入侵者。

延伸阅读：蚂蚁；昆虫。

貂㹓狓

Okapi

貂㹓狓是一类分布在非洲的、与长颈鹿有紧密亲缘关系的动物。它的肩高约为1.5米，脖子比长颈鹿的短得多。

貂㹓狓的身体为深栗色，脸为白色，臀部和腿上具有白色条纹。雄性貂㹓狓具有一对短而多毛的角。貂㹓狓栖息于非洲中部茂密的雨林中。

貂㹓狓以树叶、水果和种子为食，单独或成对生活。豹会捕食貂㹓狓，人类也捕杀貂㹓狓。貂㹓狓具有敏锐的听觉以便于逃跑。

延伸阅读：长颈鹿；哺乳动物。

貂㹓狓是长颈鹿的近亲。

J

几维鸟

Kiwi

几维鸟是一类分布于新西兰的不会飞行的鸟类。它们是新西兰的国家象征。

几维鸟的体型大小与家鸡类似。它们的身形厚实，浑身覆盖有蓬乱的褐色羽毛。几维鸟的腿和脖子很短，它们的喙长而柔韧。几维鸟的翅膀很小，且没有尾巴。

几维鸟通常栖息在森林里。它们是唯一一类鼻孔长在喙的末端的鸟类。几维鸟用这样的喙在茂密潮湿的森林中寻找食物，它们以浆果、蚯蚓以及昆虫等为食。它们主要在夜间活动。它们很害羞，通常会避开人类。

几维鸟面临完全灭绝的危险，人类引入新西兰的动物是它们的主要威胁。许多几维鸟会被狗杀死，猫、貂和鼬也会杀死几维鸟，同时，它们也受到了森林破坏的威胁。几维鸟现在受到新西兰法律的保护。

延伸阅读： 鸟；濒危物种。

几维鸟是一类分布于新西兰的不会飞行的鸟类。它们的腿很短，喙很长，全身覆盖着蓬乱的羽毛。

鸡

Chicken

鸡是人类为了获取肉类和蛋而饲养的鸟类。人们每年都饲养着数十亿只鸡。世界上现存的鸡的数量可能比世界上所有其他种类的鸟类总和都多。

鸡的体重约为0.5～5千克。公鸡的头上有一个红色的鸡冠。它们喙的下方有红色的肉垂，还有红色或白色的耳垂。

鸡会很自然地集成小群一起生活。它们啄食昆虫和种子。它们大部分时间都在地上，当遇到危险时，鸡也能短距离飞翔。

人类饲养鸡的历史已有数千年。家鸡最早由东南亚的红原鸡繁育而来。现在有很多品种的鸡。

鸡

如今，大多数鸡都是在饲养场养大的。母鸡在大约20周龄时开始产蛋，大部分蛋呈现白色或褐色。一只母鸡每年能生产约270枚蛋。

在一岁之后，母鸡的产蛋量会减少，之后通常会被屠宰。而肉鸡可能在七周龄时便会被屠宰。

延伸阅读： 鸟；卵；农业与畜牧业；牲畜；家禽。

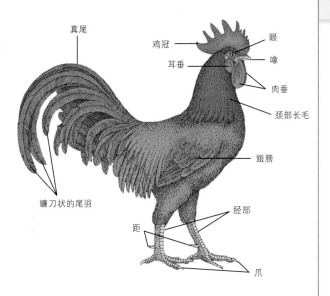

公鸡的头顶上有肉质的鸡冠，喙上挂着袋状的肉垂，它们的腿上还有距。

鸡尾鹦鹉

Cockatiel

鸡尾鹦鹉是一种原产于澳大利亚的鹦鹉，分布于除沿海区域外的整个澳大利亚。

鸡尾鹦鹉的体长约为32厘米，头顶长有一簇能够扬起和放下的羽毛，还有一条长长的、锥形的尾巴。鸡尾鹦鹉的体色大部分呈现灰色，但雄性鹦鹉具有亮黄色的头部。

鸡尾鹦鹉栖息于开阔的乡间，经常在河边或小溪边的树洞里筑巢。它们以种子、谷物和水果为食。雌鸟每次会产下2~6枚白色的蛋。

鸡尾鹦鹉是一种很受欢迎的宠物，它们能够模仿声音或者重复好几个词语。

延伸阅读： 鸟；凤头鹦鹉；鹦鹉；宠物。

雄性鸡尾鹦鹉的头部为亮黄色。

基因

Gene

基因是细胞内的化学指令。它们指导生物体如何进行生长发育。基因决定动物的外观，赋予动物各自的本能。

动物从亲代那里获得基因，它们基因中分别有一半来自亲代双方。

每个动物细胞都具有成千上万的基因。这些基因位于被称为染色体的微小线状结构上，每个基因都位于特定染色体上的特定位置，染色体位于细胞的细胞核中。

基因是带有遗传信息的脱氧核糖核酸（DNA）片段。DNA的形状就像一个长而扭曲的梯子，这部梯子的每个"梯级"由叫作碱基的化学物质组成，每个梯级由一对碱基组成，大多数基因由几千个碱基对组成。

科学家可以改变生物的某些基因。例如，他们能改变老鼠的基因。以这种方式改变基因被称为基因工程。基因工程可以帮助科学家研究人类的疾病，许多科学家认为基因工程也将成为一些疾病的重要治疗手段。

延伸阅读： 细胞；克隆；脱氧核糖核酸；遗传学；突变。

生物体的基因位于被称为染色体的微小的线状结构中。基因是带有遗传信息的脱氧核糖核酸（DNA）片段。DNA的形状就像一个扭曲的梯子。

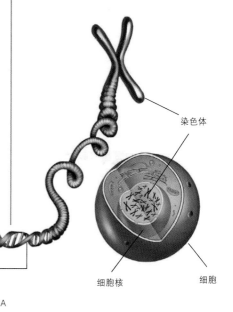

染色体

基因

DNA

细胞核

细胞

吉拉毒蜥

Gila monster

吉拉毒蜥是分布于北美洲的一种大型蜥蜴，它们栖息于美国西南部和墨西哥北部的沙漠中。吉拉毒蜥以其带有毒液的咬伤而闻名。能够产生毒液的蜥蜴是极其罕见的。

一只成年的吉拉毒蜥体长约为40厘米。它们身体肥胖，头部宽，尾巴短而厚。它们的皮肤颜色鲜亮，上面带有鳞片，质地几乎与鹅卵石一样。吉拉毒蜥以小型动物以及鸟类和爬行动物的卵为食。由于它们能够在自己的尾部储存脂肪，所以可以好几个月不吃东西。对人而言，吉拉毒蜥的咬伤并不致命，但却十分疼痛。

延伸阅读： 蜥蜴；爬行动物。

吉拉毒蜥是一种原产于美国西南部和墨西哥北部的蜥蜴，它们能够产生毒液。虽然被吉拉毒蜥咬伤后会很痛，但并不致命。

吉娃娃

Chihuahua

吉娃娃是体型最小的犬种。吉娃娃的肩高为13厘米，体重为0.5~2.7千克。吉娃娃有两个变种，分别为短毛吉娃娃和长毛吉娃娃。吉娃娃的身体上能发现各种颜色的花纹。吉娃娃是一种良好的伴侣宠物。

吉娃娃是在墨西哥被培育出来的，以墨西哥奇瓦瓦州命名。一些专家认为吉娃娃起源于500多年前。吉娃娃常被称为"美洲的皇家犬"。

延伸阅读： 狗；哺乳动物。

吉娃娃培育于墨西哥，也许有超过500年的历史。

极乐鸟

Bird-of-paradise

极乐鸟是一类具有华丽羽毛的鸟。有些极乐鸟体色呈翡翠绿色、金黄色或者红褐色，还有一些则是钴蓝、苔藓绿和猩红色。除此之外，还有很多其他颜色的组合。许多极乐鸟具有长长的羽毛，可以让它们充分展示自己的靓丽羽色。不过只有雄鸟才具有光鲜的羽色和长长的羽毛。

世界上现存许多种极乐鸟。它们大多数分布于新几内亚岛及其附近的岛屿，栖息在森林中，以水果和昆虫为食。极乐鸟聚集在树上展示自己的羽毛来吸引配偶。它们会做出昂首阔步的动作，跳舞，并展开羽毛。交配后，它们便会开始筑巢。雌鸟一次会产下1~3枚带有斑点的白色卵。

曾经有许多极乐鸟被猎人猎杀，人们用它们的羽毛来装饰帽子。如今猎杀鸟类的行为已被禁止，但栖息地的丧失和非法偷猎，仍然使有些极乐鸟的生存受到威胁。

延伸阅读：鸟；羽毛。

极乐鸟是一类具有华丽羽色的鸟类，有很多种类。

棘皮动物

Echinoderm

棘皮动物是一类多刺的海洋动物。世界上现存的棘皮动物有数千种，海星、沙钱、蛇尾和海胆是最常见的棘皮动物。

成年棘皮动物身体的每一部分会围绕着身体中心排列，就像轮子的辐条一样。大多数棘皮动物身体分为五个部分。棘皮动物的骨骼在身体内部，而嘴在身体下面。

棘皮动物的身体上有被称为管足的部分,它们的形状就像小管子,一排排地从身体中伸出来。棘皮动物利用管足来移动、进食、呼吸和感知周围的环境。管足的末端通常有吸盘,棘皮动物利用吸盘来吸附于物体表面。

这些管足通过棘皮动物体内充满水的管道相互连接在一起。棘皮动物可以用连接在管足上的球状物来控制管足的长度。这些球状物中充满了水,棘皮动物会把水从球状物推入管足,使其变长,它们也可以缩短管足,把水从管足拉回球状物。

棘皮动物通过产卵繁殖,这些卵发育成幼虫或幼体。这些幼虫通常随洋流漂流,最终它们会在海底定居下来,发育为成体。

延伸阅读： 蛇尾；外骨骼；沙钱；海胆；海星。

来自加拿大不列颠哥伦比亚省海湾群岛的巨型红海胆

菲律宾海底珊瑚上的蓝海星

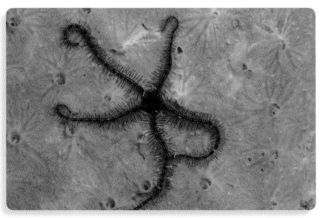

海绵上的蛇尾

脊椎动物

Vertebrate

脊椎动物指具有脊椎的动物。那些没有脊椎的动物称为无脊椎动物。

脊椎也称脊柱，是骨骼的一部分，沿着背部的中心向后延伸。大多数脊椎动物的脊柱由许多块脊椎骨组成。脊柱能帮助动物站立、坐起和移动，也保护着脊髓。脊髓与大脑和其他众多神经一起组成动物的神经系统。

世界上现存的脊椎动物有成千上万种。所有的两栖动物、鸟类、鱼类、哺乳动物和爬行动物都属于脊椎动物，人类也是脊椎动物。但是地球上的大多数动物都属于无脊椎动物。无脊椎动物有数百万种，包括蛤蜊、昆虫、水母、海胆、蜗牛、蜘蛛、海绵和蠕虫。

所有脊椎动物都有一些共同特征。例如，所有脊椎动物身体的左右两边都是近似的。脊椎动物的身体通常有头和躯

脊椎动物的骨骼形态多种多样，但每一种都有一根贯穿全身的脊柱。

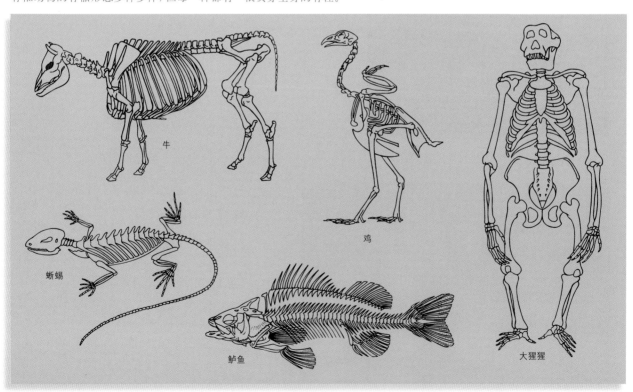

牛

鸡

蜥蜴

鲈鱼

大猩猩

干，躯干是身体的主要部分。有些脊椎动物具有颈部。脊椎动物的肢体从不超过两对。肢体有可能是腿、胳膊或翅膀。同时，脊椎动物还有具有发达的大脑，大脑外部覆盖着骨质的头骨。

最早的脊椎动物出现在距今约5亿年前。这些早期的脊椎动物是没有颌和牙齿的鱼类。它们会从海洋中吸食微小的食物。鱼类在距今4.2亿年前演化出了颌和牙齿，有颌鱼可以捕食较大的动物。早期鱼类中的一类演化出了粗而圆的鳍。有些鱼则演化出了最早的腿，这类动物能够在陆地上生活一段时间。最终这类鱼演化成了两栖动物、鸟类、哺乳动物和爬行动物。

延伸阅读： 两栖动物；鸟；鱼；无脊椎动物；哺乳动物；爬行动物。

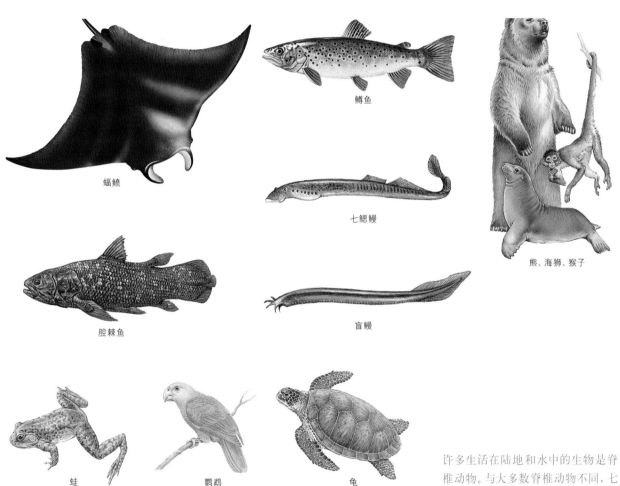

蝠鲼

鳟鱼

七鳃鳗

熊、海狮、猴子

腔棘鱼

盲鳗

蛙

鹦鹉

龟

许多生活在陆地和水中的生物是脊椎动物。与大多数脊椎动物不同，七鳃鳗和盲鳗并没有坚硬的骨质脊椎骨，而是具有一种橡胶状的棒状结构，叫作脊索，位于身体的背面。

寄居蟹

Hermit crab

寄居蟹是一类以占据螺类空壳的习性而闻名的动物。它们会用壳来保护自己柔软的腹部，其身体也会保持扭曲以适应弯曲的成壳。寄居蟹会从内部紧紧抓住壳体，它们通常用保持在壳外的腿和爪子行走。在某些情况下，寄居蟹可以完全把身体藏进壳中。寄居蟹的种类很多。

随着寄居蟹的成长，它们会将旧壳换成更大的壳。它们通常会寻找一个空壳来居住，但如果有必要，它们也会直接把螺类从壳里拽出来。寄居蟹还会在壳体稀少的地区相互竞争空壳。有些种类的寄居蟹不使用壳体，而是会在珊瑚、岩石或木头的小块上钻洞。

寄居蟹经常聚集在有大量螺壳和食物的海域，它们也栖息于海边的潮间带中。还有一些种类的寄居蟹大部分时间会栖息于岸上，它们会经常占据蜗牛的壳。

延伸阅读： 节肢动物；蟹；壳；螺类和蜗牛。

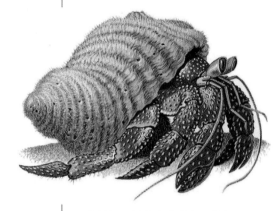

寄居蟹会用空壳作为自己的家。

寄生虫

Parasite

蜱虫是一类吸食寄主血液的寄生虫。寄生虫会从另一种动物乃至人类等其他生物身上获取少量营养。

寄生虫是一类栖居于其他生物体内或体表以维持生存的生物。被寄生的生物叫作寄主。捕食者通常会立即杀死并吃掉它们的猎物，但是寄生虫每次只会从寄主身上获取少量营养。

跳蚤、水蛭、虱子、蚊子和蜱都是寄生虫。这些寄生虫吸食宿主的血液。还有些寄生虫则包括不同种类的蠕虫，例如绦虫。这

些蠕虫生存在寄主体内,它们中的许多种类会以寄主肠道中的食物为生。还有一些寄生虫体型太小,只有在显微镜下才能观察,这类寄生虫大多也栖息在肠道内。

许多寄生虫对它们的寄主危害不大,但有些则会传播疾病。例如,蚊子会传播疟疾。另外还有一种寄生虫则会传播莱姆病。寄生虫还会感染家畜并破坏农作物。

延伸阅读: 跳蚤;水蛭;虱子;蚊子;有害生物;绦虫;蜱虫;蠕虫。

加拿大雁

Canada goose

加拿大雁是北美洲最常见的野生雁类。它们的体长为55~110厘米。加拿大雁的身体呈现灰棕色,腹面为白色的羽毛,它们头、喙、脖子和翅膀为黑色。

加拿大雁常常会在沼泽或池塘中的小岛上筑巢。雌鸟通常每次产4~6枚卵。幼鸟在孵化后会与父母一起生活长达一年的时间。每年春夏,加拿大雁栖息于从美国北部到阿拉斯加和加拿大北部的广大地区。到了秋季,许多加拿大雁会飞往更为温暖的区域,还有一些则会留在仍然有食物剩余的区域。加拿大雁全年都能在城市中生活。

延伸阅读: 鸟;雁。

许多加拿大雁如今全年都生活在城市中。

家牛

Cattle

家牛是世界上最重要的家畜之一。世界上大多数地方的人们都会饲养牛。人们把牛肉制作成烤牛肉、牛排和汉堡包,也会饮用牛奶,并将牛奶制作成黄油、奶酪以及冰淇淋。

海福特牛是北美洲饲养的主要肉牛品种之一，它们有偏红色的身体和白色的面部。

牛皮为制作皮鞋提供了原料，像肥皂和胶水这样的产品原料也来自家牛。

　　成年的家牛具有大而强壮的身体。大多数牛能够长到约1.5米高，母牛的体重为400~900千克，公牛的体重甚至能超过900千克。牛有长长的尾巴和蹄子。有些牛具有角，牛角其实是空心的。

　　许多家牛有纯黑色、纯白色或纯红色的毛，还有一些家牛的身上则是不同颜色的组合。大多数家牛的毛都会在冬季长得更厚并且略长一些，还有少数种类的家牛有很长的毛发。

　　牛有四个不同的胃。所有的牛在食物消化之前都会咀嚼它们两次。首先，它们会咀嚼并吞咽食物，之后将这些食物从胃里返回到嘴里再次咀嚼，然后再吞咽一次。这种被再次吞咽的食物称为"反刍物"。这种取食方式使牛能够消化坚韧的禾草，而大多数动物并不这样吃草。人们也会用玉米和其他谷物来喂养牛。

　　肉牛有许多不同的品种，其中重要的品种包括海福特牛和黑安格斯牛。

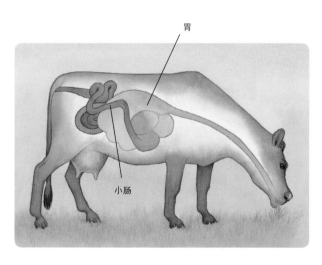

胃

小肠

牛有四个不同的胃，它们吃下的草在到达肠道前，会被咀嚼和分解不止一次。

家禽

Poultry

家禽是人类饲养的用来提供肉和蛋的鸟类，包括鸡、鸭、鹅、雉鸡和火鸡。

家鸡是世界上最常见的家禽种类。巴西、中国和美国是鸡肉的主要生产国。世界上所生产的大部分禽蛋都是鸡蛋。生产鸡蛋的主要国家包括中国、印度、日本、墨西哥和美国。在美国，大部分用于产蛋的家禽都来自只饲养家鸡的大型商业农场。

除了食物，家禽还提供其他产品。鸭和鹅的羽毛用来填充枕头和制作保暖衣物，禽蛋则被用来制造化妆品和疫苗。

延伸阅读： 鸡；鸭；农业与畜牧业；雁；牲畜；雉鸡；火鸡。

产蛋农场里的鸡。禽蛋可用作食物，也可用来制造化妆品和疫苗。

家羊驼

Llama

家羊驼是一种与骆驼有紧密亲缘关系的南美洲动物，它们看起来像没有驼峰的小骆驼。它们肩高约为1.2米，有又长又厚的毛，颜色有棕色、白色、灰色或者黑色。家羊驼能够在山路上驮重物，还能为人类提供肉、毛和皮革。在美国、加拿大和其他国家的一些农场里也会饲养家羊驼。家羊驼与羊驼、原驼和骆马的亲缘关系密切。

延伸阅读： 羊驼；骆驼；原驼；哺乳动物。

家羊驼

家蜘蛛

House spider

　　家蜘蛛是几种经常栖息于建筑物内的蜘蛛的通称。其中最著名的是分布于整个北美洲的普通家蜘蛛，它们棕色的圆形身体约有6毫米长。普通家蜘蛛会织成一张缠结在一起的网，这张网由一团杂乱的蛛丝组成。

　　其他的家蜘蛛属于会编织有趣蛛网的蜘蛛类型。这些网的一端很狭窄呈现漏斗状，蜘蛛大部分时间都会在那里度过。漏斗织屋蜘蛛曾经只分布于欧洲，但现在在北美洲也很常见，它们的灰色身体上有褐色斑点。欧洲家蜘蛛通常生活在潮湿的地方。

　　延伸阅读： 蛛形动物；蜘蛛。

家蜘蛛

甲虫

Beetle

　　甲虫是最常见的昆虫类别之一。科学家已经识别了超过30万种甲虫，但是仍然有许多种类的甲虫还没有被识别。甲虫生活在除了最寒冷地区以外的所有陆地环境中，它们出没在沙漠、森林、草原、山脉乃至池塘中，也能住在建筑物里。

　　像所有的昆虫一样，甲虫有六条腿。它们有两对翅膀，但只使用后翅进行飞行。前翅像坚固的盾牌，能用来保护甲虫的身体。许多甲虫会在地下挖洞，有一些甲虫生活在树上，有些甲虫能够游泳和潜水。

　　甲虫的形状和大小各异，有些身形长而薄，有些则是圆形的。有些甲虫的体色很鲜亮，还有一些则是暗棕色或黑色的。有些甲虫的体型十分微小，只有在显微镜下才能看到它们。最大的甲虫体长约有13厘米。

许多甲虫都有巨大的、钳子一般的颚，称为大颚。有些种类的甲虫会用这些大颚在交配场所与其他雄性打斗。

甲虫是自然界的重要组成部分。许多甲虫捕捉其他昆虫为食，这种捕猎行为能够防止其他昆虫种群数量过大。还有些甲虫吃植物，对农作物有害，但是其他甲虫也可能以这些有害甲虫为食。例如，瓢虫就以害虫为食。一些甲虫能帮助植物授粉，植物必须在传授花粉后才能产生后代。有些甲虫吃粪便，还有一些甲虫取食死去的动物和植物。

甲虫也是许多动物的食物。许多两栖动物、鸟类、哺乳动物和爬行动物都以甲虫为食。有些昆虫以及像蜘蛛这样的小动物也会吃甲虫。大多数甲虫面对危险会隐蔽或逃跑，有些甲虫则会对敌人进行反击，射炮步甲就能够向攻击者喷射一股炽热的气体。

甲虫的生长会经历好几个阶段。首先，雌甲虫产卵。每一个卵孵化成幼虫。幼虫与蠕虫有些相像，在身体表面也有坚硬的外壳。幼虫会连续数次脱掉外壳，同时体型变得越来越大，这称为蜕皮。在最后一次蜕皮后，幼虫会变成蛹。蛹的外观与成年甲虫更为相像，但比成年甲虫柔软。大多数甲虫会在地下度过蛹期。一些甲虫则在整个冬天都保持蛹的形态。最后，一只成年的甲虫会从蛹的干壳里爬出来。

步甲常在夜间出来觅食。有些隐翅虫以植物为食。金龟子类包括粪金龟和普通的金龟子，这些甲虫会将动物的粪便或其他的身体废弃物滚成球状进行取食。

叩甲和萤火虫是两种不寻常的甲虫。当被触碰时，叩甲会跳起并发出咔嗒声。萤火虫则会利用身体里的化学物质制造冷光，通过发光来吸引配偶。

延伸阅读：蝼蛄；萤火虫；蛴螬；昆虫；六月虫；瓢虫；幼体；蛹；象甲。

眼斑叩甲的胸部上有眼状斑点，这些"眼睛"能够吓跑那些企图来吃掉它的动物。

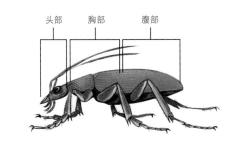

头部　胸部　腹部

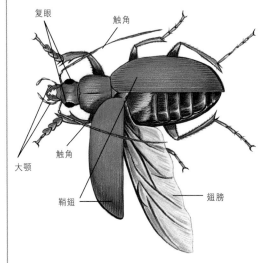

复眼　触角

大颚

触角

鞘翅

翅膀

原产于非洲的花潜金龟是最大的甲虫之一。它能长到13厘米，体重超过42克。

甲龙

Ankylosaurus

甲龙

甲龙是有甲恐龙中最大的种类之一，生活在距今约6800万到6500万年前的北美洲西部。

甲龙的体长约7.6米。体重为3.6～4.5吨。它们的盔甲由骨块组成。甲龙以植物为食。它们的体型又矮又宽，腿又短又粗，尾巴末端是一个沉重的骨球。

当受到攻击时，甲龙可能会把身体紧贴在地上，使攻击者只能咬或抓到它们的厚甲。甲龙会把自己尾部的骨球挥向攻击者。

延伸阅读：恐龙；古生物学；史前动物；爬行动物。

甲壳动物

Crustacean

蟹属于甲壳动物，它们有坚硬的外壳和分节的肢体。

甲壳动物是一类有着坚硬外壳和分节肢体的动物。甲壳动物没有内骨骼，它们有一个覆盖和保护身体的外壳。生长过程中，它会长出一个新的、更大的外壳，并脱落掉旧的外壳。

世界上现存的甲壳动物有数千种，蟹、淡水螯虾、龙虾和虾都属于甲壳动物。大多数甲壳动物生活在海洋中，但也有些种类生活在湖泊或溪流中，还有几种生活在陆地上。最大的甲壳动物是分布于日本的巨型蜘蛛蟹，它们的直径能达到3.7米。而最小的甲壳动物，如水蚤，则小到只能用显微镜才能看到。

成年甲壳动物的身体由三个部分组成：头部、胸部和腹部。甲壳动物的头部有两个触角、两个眼睛和口器。甲壳动物用于行走、游泳和捕捉食物的腿长在胸部。甲壳动物的腹部形态各不相同，例如，龙虾的腹部非常大，并且分为许多节，但其他一些甲壳动物，例如蟹只有小而简单的腹部。许多甲壳动物用腹部帮助自己游泳。

大多数甲壳动物通过鳃呼吸，许多小型甲壳动物可以通过皮肤呼吸。甲壳动物以各种各样的食物为食，包括小型动物和植物，以及动植物的遗骸。

延伸阅读：蟹；淡水螯虾；外骨骼；龙虾；壳；虾。

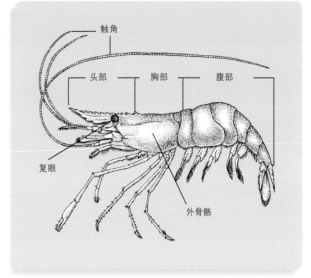

甲壳动物的身体由三个部分组成：头部、胸部和腹部。这类动物坚硬的外壳称为外骨骼，保护着自己的身体。

甲胄鱼

Ostracoderm

甲胄鱼是一类古老的鱼类，它们生存在数百万年前。科学家认为甲胄鱼是最早的鱼类。

甲胄鱼大约出现于距今5亿年前。它们从头到尾都被一层厚厚的骨板和鳞甲所覆盖。甲胄鱼没有颌部，鳍发育得并不好。

甲胄鱼不仅是最早的鱼类，而且是最早的脊椎动物。有颌鱼类正是由甲胄鱼演化而来。而其中有些鱼开始有了能够在陆地上栖息了一段时间的能力，它们的鳍变成了腿，这些鱼演化为陆地脊椎动物，包括两栖动物、鸟类、哺乳动物和爬行动物。这些动物都是甲胄鱼的远亲。

延伸阅读：鱼；古生物学；史前动物；脊椎动物。

甲胄鱼是地球上最早出现的鱼类，也是最早的脊椎动物。

 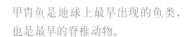

鸦

Bittern

鸦（jiān）是一类栖息在沼泽湿地中的鸟，也是鹭的一类。它们分布于除南极以外的所有大陆。

有一种鸦叫作美洲麻鸦，分布于从中美洲一直到加拿大南部和中部的沼泽地带。它们的脖子和腿都很长，具有一个大而尖的喙。它们的身体上部为棕色，上面具有黑色和黄褐色的纵纹。身体下部为棕褐色，上面具有褐色的条纹。

美洲麻鸦通常在芦苇和香蒲丛中的浮水植物垫上筑巢。它们会在巢中产下三枚褐色的蛋。除筑巢时间外，美洲麻鸦都独自生活，常常会在沼泽地里静静地伫立观察猎物。它们会捕食鱼类、蛙类、鼠类和昆虫。

延伸阅读：鸟；鹭。

鸦是鹭科家族中大约13种栖息在沼泽中的鸟类的总称。

鲣鸟

Booby

鲣鸟是一类具有蹼足能游泳的海鸟。

鲣（jiān）鸟是一类大型海鸟。它们栖息于世界上大部分温暖海洋区域。它们的英文名来自西班牙语，意思是"愚蠢"。水手们最早给它们起这个名字，是因为这些鸟会在船上降落，很容易被抓住。

成年鲣鸟的体长为60～90厘米，它们的翼展超过170厘米。这类鸟具有尖尖的尾巴、长长的嘴和带

有蹼的脚。

　　世界上现存好几种鲣鸟。大多数鲣鸟具有白色和棕色相间或白色和黑色相间的羽毛。有些鲣鸟具有蓝色或红色的脚。鲣鸟主食鱼类和鱿鱼，它们会从高空跳入水中捕捉食物。

　　鲣鸟会集群生活在岛屿和悬崖上。它们在地上或树上筑巢，一次会产下1～4枚卵。

　　延伸阅读： 鸟。

茧

Cocoon

　　茧是许多昆虫用来保护自己的覆盖物，是由坚韧的丝制成的。茧在昆虫生长至一个特定的阶段时保护它们。许多昆虫的生活史中都有一个被称为幼虫的生命阶段。幼虫是类似蠕虫的生物，例如毛虫。幼虫不断进食和生长，直到它们准备成为成虫，这时它们便把自己编织在茧中，随后在茧中变成成虫。

　　蛾、黄蜂和蜜蜂中的许多种类都会结茧，有些种类的苍蝇和蚂蚁也结茧。许多蛾类的幼虫会在地面的原木上或者落叶上结茧，有的还会在树皮上挖洞结茧，还有些蛾类会把它们的茧附在树枝上。

　　人们饲养某些蚕蛾的幼虫获取蚕丝，用蚕丝制作衣服和床单。中国人采集蚕丝的历史已经有数千年之久了。

　　许多蜘蛛会在卵的周围结茧，也可能在它们的猎物周围结茧。

　　延伸阅读： 毛虫；幼体；变态发育；蛾；蛹；蚕蛾；蜘蛛。

蛾茧

减数分裂

Meiosis

　　减数分裂是一种细胞分裂方式。在细胞分裂时，一个细胞会分裂成两个细胞。减数分裂发生在生殖细胞中。生殖即是生物产生新个体的过程。

　　染色体是细胞中的一种结构。它们携带着基因，基因是指导身体生长的化学指令。染色体在大多数体细胞中成对出现。然而，一个雄性生殖细胞只携带一对染色体中的一半，雌性生殖细胞则携带着另一半。

　　减数分裂前，细胞会复制每条染色体。随后细胞会分裂成两个具有相同数量双链染色体的子细胞。

　　随后每个子细胞会继续分裂。当它们分裂时，双链染色体分离。这就产生了四个生殖细胞。每个生殖细胞都具有一组染色体的一半。

　　在生殖过程中，一个雄性生殖细胞和一个雌性生殖细胞会结合成一个带有完整染色体的细胞。这个细胞会发育成一个新的生物。

延伸阅读： 细胞；脱氧核糖核酸；有丝分裂；生殖。

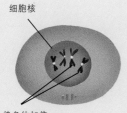

在减数分裂前，生殖细胞中的染色体会加倍。细胞核位于细胞的中央。

随后细胞会分裂，产生两个独立的细胞，染色体的数量减半。

细胞会再次分裂。产生四个细胞，每个细胞都具有一组染色体的一半。

剑齿虎

Saber-toothed cat

剑齿虎是猫科动物,生活在还没有任何文字记载的史前时代,在距今约1万年前灭绝。

剑齿虎长着长长的犬齿。这些牙齿的形状像弯刀,长约20厘米。

剑齿虎生活在距今约4000万年前。在非洲、欧洲、北美洲和南美洲都发现了剑齿虎的化石。剑齿虎的体重可能和如今的虎一样。它们能够捕食皮肤厚重的动物,例如象和地懒。

延伸阅读:猫;哺乳动物;古生物学;史前动物。

剑齿虎

剑龙

Stegosaurus

剑龙是一种大型植食性恐龙。它们生活在距今约1.5亿年前的北美洲西部。

剑龙的体长可达9米。它们具有一个沉重的身体和一个小小的脑袋,背部和尾部有两排骨板,尾巴末端有一对尖刺。它们可以通过摆动危险的尾巴来击退攻击者。

剑龙身上的骨板能够帮助它们温暖或冷却身体。它们可以通过把骨板转向太阳来吸收热量从而升温,也可以通过让空气吹过骨板,冷却其中的血液从而降温。

剑龙如今已经灭绝。科学家仍然继续研究着这种恐龙,以便更多地了解它们的习性。

延伸阅读:恐龙;古生物学;史前动物;爬行动物。

剑龙可以通过摆动尾巴来对抗敌人。

剑鱼

Swordfish

剑鱼是一类栖息在温暖海水中、游动迅速的鱼类。它们具有一个长而平的上颌，形状像一把剑，这个剑状的部分称为吻部。

剑鱼能以97千米/时的速度游动，与高速公路上的汽车一样快。剑鱼的体长为1.5~2.4米，体表光滑、肌肉发达、体色为棕黑色、身形瘦长，并具有弯曲的鳍。剑鱼能够用强壮的吻部将成群的鱼分开，这样它就可以捕食其中的一部分。同时，这个吻部还有助于剑鱼游动，它能分开周围的水流，使剑鱼的游泳速度更快。

剑鱼以深海鱼类和鱿鱼为食。由于剑鱼没有牙齿，所以它们会把食物整个吞下去。

延伸阅读：鱼；枪鱼。

剑鱼得名于它们长而扁平的剑状上颌。

箭毒蛙

Poison dart frog

箭毒蛙是一类颜色鲜艳的小型蛙类，以皮肤有毒而闻名。世界上现存的箭毒蛙种类很多，都分布于中美洲和南美洲。

箭毒蛙皮肤上的毒素能够保护它们不被吃掉。别的动物只有接触它们的皮肤才会中毒。它们的皮肤可能含有剧毒，例如，金色箭毒蛙的皮肤里含有足够杀死2万只老鼠或10个人的毒素。

箭毒蛙的体色可能呈红色、橙色或蓝色。成年箭毒蛙的体长为3.8~6.4厘米。箭毒蛙得名于它们有毒的皮肤。猎人会将它们的毒素涂抹在吹矢枪的飞镖上。

延伸阅读：两栖动物；蛙；有毒动物。

箭毒蛙是一类颜色鲜艳的小型蛙类，它们的皮肤带毒。

郊狼

Coyote

郊狼是犬科的野生成员，以其可怕的嚎叫声而闻名，它们常常在夜晚嚎叫。

郊狼分布于美国、加拿大、墨西哥和中美洲的部分地区。它们的毛皮呈现浅黄色、黄灰色或棕黄色，身上也可能会有黑色的条纹。郊狼有大而尖的耳朵和浓密的尾巴。成年郊狼体高约为60厘米，体重则为11~14千克。

大多数的郊狼独居。雌性郊狼会在春季产下5~6只幼崽。它们主要以兔子和囊鼠、家鼠、土拨鼠、犬鼠、松鼠等啮齿动物为食，不过其实几乎任何食物它们都会吃。

延伸阅读：狗；哺乳动物。

郊狼

鹪鹩

Wren

鹪鹩是一类活跃的小型鸟类，在世界上的大部分地区都有分布。鹪鹩有很多种。它们具有细细的喙和圆形的翅膀。大多数鹪鹩的体色为棕色，有些可能具有条纹、斑点或黑白色的斑纹。鹪鹩的尾巴很短，经常会向上翘起。

鹪鹩主要以昆虫和种子为食。许多种类的鹪鹩鸣声优美。鹪鹩会小心守护着自己的巢。

莺鹪鹩是北美洲最常见的鹪鹩之一，体长约为13厘米，通常栖息在城市里或城市附近。其他种类的鹪鹩还包括棕曲嘴鹪鹩、长嘴沼泽鹪鹩、冬鹪鹩和卡罗来纳鹪鹩。

延伸阅读：鸟。

莺鹪鹩

角马

Wildebeest

斑纹角马

角马是一类栖息于非洲草原上的大型羚羊。羚羊看起来与鹿有些相似，但它们与山羊和牛有更为密切的亲缘关系。

角马肩大颈粗，大大的脑袋上长着又长又弯的角。有些种类的角马长着黑色的胡须，有些则长着白色的胡须。角马的腿很细，长长的尾巴就像马的尾巴一样。角马以树叶、小树枝和草为食。

现存的角马有两种。斑纹角马具有棕色到灰色的天鹅绒般的毛，肩部和颈部还具有深色的条纹。斑纹角马的肩高约为137厘米，体重可达275千克。它们分布于肯尼亚、南非北部和纳米比亚。

白尾角马体型较小，只分布于南非。它们的毛呈棕色至黑色，还有一条黄白色的尾巴。

角马喜欢群居。它们会从一个地方迁移到另一个地方去寻找食物。猎豹、鬣狗、豹、非洲狮和非洲野犬等食肉动物会捕食角马。

延伸阅读： 羚羊；牛；山羊；哺乳动物。

角鲨

多刺角鲨是鲨鱼家族中的一员。

Dogfish

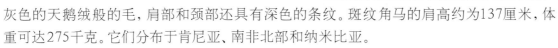

角鲨是一类生活在海洋中的小型鲨鱼。世界上现存十几种角鲨。大多数角鲨的体长不足1.8米。所有的角鲨背鳍前面都有一根尖刺，它们用这根尖刺自卫。

多刺角鲨是最有名的角鲨。它们生活在北美洲的大西洋和太平洋沿岸，也会出现在欧洲的大西洋沿岸。欧洲人可能会吃多刺角鲨。

科学家警告有几种角鲨都受到过度捕捞的威胁。角鲨成熟缓慢，而且后代数量很少，所以很容易受到过度捕捞的影响。

延伸阅读： 弓鳍鱼；鱼；鲨鱼。

角蜥蜴

Horned lizard

角蜥蜴能够改变自己的体色融入沙漠生境中。

角蜥蜴是一类全身覆盖着角状刺的北美蜥蜴。由于它们具有像蟾蜍一样肥胖的身形，所以也称"角蟾蜍"。现存的角蜥蜴有十几种。

角蜥蜴的体长为6.4~16.5厘米。它们的头部后侧长有伸出的大刺，这些刺能够保护它们免受其他动物的攻击。当受到攻击时，角蜥蜴中的有些种类会从它们的眼睛里喷射出一股鲜血，这种能力能够帮助它们在面临郊狼和其他动物的威胁时逃脱。

角蜥蜴栖息于沙漠和其他干旱区域，它们能够改变自己的体色以融入周围的环境，很难被天敌发现。角蜥蜴行动缓慢。它们主要以昆虫为食，特别是蚂蚁。大多数种类的角蜥蜴产卵，而有些种类的角蜥蜴会直接产下活的幼体。

延伸阅读：保护色；蜥蜴；爬行动物。

酵母

Yeast

酵母是一类单细胞生物。它们不是动物，而是真菌，就像蘑菇和霉菌一样。现存的酵母有数百种。有些会引起疾病，有些则被用来做食物和饮料。

面包师使用酵母增加蛋糕或干谷物中的水分。面包师会在生面团中加入酵母，生面团是面粉、水或牛奶和其他配料的混合物。酵母会利用生面团中的糖分，释放乙醇和二氧化碳。这个过程叫作发酵。二氧化碳能使面团膨胀。面包烘烤时会膨胀从而具有一种松软的质感。烤箱的热量会杀死酵母。

酵母也被用来制造啤酒和葡萄酒。它们能将谷物或水果中的糖分转化为酒精。

酵母的另一个用途是制造维生素来维持人体健康。整个过程通常包含很多阶段。

延伸阅读：细胞。

酵母细胞可以通过出芽繁殖。在出芽时，酵母细胞壁的一部分膨胀，形成一种叫作芽的新生长物。然后，芽脱落，成为一个独立的酵母细胞。

烘焙！

虽然这个面包不会被发酵得很充分，但你会看到酵母是如何使面团膨胀的。当你切面包时，你会看到气泡所形成的洞。

1．将1/4杯（60毫升）温水倒入一个小碗，撒入酵母。酵母应该会起泡。

2．在大碗中混合面粉、燕麦、红糖和盐。

3．往大碗里加入鸡蛋、油和较热的温水，并混合。

4．倒入已经溶解的酵母，并搅拌。面糊应该又厚又黏。把面糊静置20分钟。

5．将面糊倒入涂过油的烤盘中。将干净的毛巾搭在烤盘上，然后把烤盘放在一个温暖的地方，比如烤箱上面，发酵约35分钟。

6．请一位成人将烤箱预热至92℃或烤箱的最低设置温度。把面包放在烤箱里烤20～30分钟。它应该膨胀到原来高度的两倍。

7．让一位成人将烤箱调至175℃。烤25～30分钟直到面包呈些许褐色。

你需要准备：

- 1包活性干酵母（约7克）
- 1/4杯温水（约43℃）
- 1.5杯全麦面粉
- 1/2杯通用面粉
- 1/4杯燕麦片
- 1/4杯红糖
- 1茶匙盐
- 2汤匙菜油
- 1杯较热的温水
- 1只鸡蛋
- 1块干净的抹布
- 1个涂过油的烤盘

节肢动物

Arthropod

节肢动物是一个庞大的动物类群，它们的足分节，身体没有脊椎。

节肢动物的种类比其他任何一类动物都要多。大多数节肢动物属于昆虫，如甲虫、蜜蜂、蝇类和蛾类。其他类型的节肢动物包括蜈蚣、蜘蛛、蝎、蟹、龙虾和虾。

蟹是一类节肢动物，它们的足分节、身体没有脊椎。

节肢动物的身体由体节组成。一些节肢动物每个体节都有一对足，它们用这些足走路或游泳。昆虫的胸部有三对足，有一或两对翅膀。

节肢动物的足有特殊用途，有些用来咀嚼或吸吮，有些是武器或感觉器官。

节肢动物的身体内部没有骨骼，但拥有一个由坚硬的甲壳质物质构成的外壳，称为外骨骼。有些节肢动物的外壳相对较薄且较脆弱，例如蝇类和蛾类。有些节肢动物的壳则又厚又结实，例如蟹和龙虾。

几乎所有的节肢动物都有简单的心脏和血液系统，还具有一个简单的大脑。

瓢虫属于昆虫，同时也是节肢动物。

一些节肢动物只有粗糙的眼睛，能够感知光，但看不见图像。另一些节肢动物具有由成百上千的单眼组成的复眼，可以看到图像。许多昆虫和其他节肢动物同时具有这两种类型的眼睛。

延伸阅读： 蛛形动物；蜈蚣；复眼；甲壳动物；昆虫；无脊椎动物；门。

马陆是一类类似于蠕虫的多足节肢动物，能散发恶臭。

界

Kingdom

界是指代一大类相关生物的分类阶元。它是科学分类法中最大的阶元之一。科学分类法是科学家采用对生物进行分类的方法。

同一个界的生物具有一些共同的基本特性，因为它们具有共同的祖先。例如，所有动物都属于动物界，这个界的成员都具有一个以上的细胞，都必须取食其他生物才能生长和生存。

界被划分为更小的被称为门的阶元。环节

大多数生物学家把生物分为五个界：原核生物界、原生生物界、真菌界、植物界和动物界。

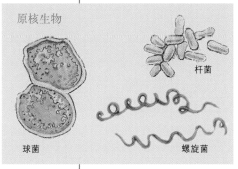

原核生物

杆菌

球菌   螺旋菌

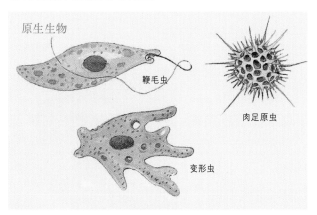

原生生物

鞭毛虫

肉足原虫

变形虫

真菌

盘菌

珊瑚菌

毒蝇鹅膏

植物

石松

蔷薇

山毛榉树

蕨类植物

动物门由像蚯蚓这样分节的蠕虫类动物组成，所有有脊椎骨的动物都属于脊索动物门。

　　界有时会被纳入更大的阶元——域。植物、动物、真菌和原生生物都属于真核生物域，所有这些生物的细胞内都有细胞核。细菌则构成了另一个域。

　　延伸阅读： 科学分类法；门；原核生物；原生生物。

动物

蝴蝶鱼　　　鹿角珊瑚

普通蜗牛

捕鸟蛛

细纹蝴蝶　　　　　　　虎　　　　青山雀

金翅雀

Goldfinch

　　金翅雀是几种以亮黄色羽毛闻名的短尾小型鸟类的通称。这类鸟主要分布于欧洲和北美洲，亚洲也有。美洲金翅雀分布于美国的北部和中部。它们具有金黄的体色和动听的鸣唱声，人们经常称呼它们野金丝雀。美洲金翅雀是艾奥瓦州、新泽西州以及华盛顿州的州鸟。美洲金翅雀体长约为13厘米。夏季，雄鸟的身体会呈现亮黄色，头顶还会出现一个黑色的羽毛斑块，到了秋季，它们的身体上会长出黄绿色的羽毛。雌鸟的体色则全年都呈现橄榄色。美洲金翅雀的雄鸟和雌鸟都有黑色的尾巴和带有白色斑纹的黑色翅膀。美洲金翅雀主要以小种子为食。

　　欧洲金翅雀具有红色的面部、黄色的翅斑，它们的身体呈现褐色，身体下侧为白色。

　　延伸阅读： 鸟；金丝雀；雀。

人们向喂食器中放入蓟类植物种子，吸引颜色鲜艳的金翅雀前来。

金刚鹦鹉

Macaw

　　金刚鹦鹉是一类长尾大鹦鹉，栖息于南美洲、中美洲以及墨西哥的丛林里。它们是世界上体型最大的鹦鹉，体长30～100厘米。它们的翅膀又长又尖，喙则沉重而有力，全身覆盖着美丽的蓝色、红色、黄色和绿色羽毛。

　　金刚鹦鹉会在高高的树洞中筑巢。它们以坚果、种子和浆果为食。人们常常会看到金刚鹦鹉集群在热带雨林的上空快速飞行。金刚鹦鹉能够被人驯养，但学人说话并不容易。

　　延伸阅读：鸟；鹦鹉。

金刚鹦鹉是世界上体型最大的鹦鹉。下图所示的是绯红金刚鹦鹉。

金龟子

Scarab

　　金龟子是金龟子科甲虫的泛称，在世界上有成千上万种。大多数金龟子体型都很小，但是有一种金龟子的体长可达13厘米，称为花潜金龟。

　　有些金龟子以植物为食，它们可能会损害农作物。还有一些种类，如蜣螂，则在动物粪便中产卵。它们有时会把粪便滚成球，随后把这些球滚回家。

　　古埃及人崇拜蜣螂，称其为圣甲虫。他们认为粪球是世界的象征，还认为圣甲虫头上的生长物就像是太阳的光线。他们会用石头或金属雕刻圣甲虫的雕像，还会用这些雕像作为护身符。

　　延伸阅读：甲虫；蜣螂；昆虫。

金龟子是一类以植物为食的甲虫。

金毛寻回犬

Golden retriever

金毛寻回犬是一个中等大小的猎犬品种。大多数金毛寻回犬的肩高为55～60厘米，体重为25～34千克。金毛寻回犬长着浓密的双层金黄色毛。由于它们性情温和，所以成为颇受欢迎的宠物。除了用作狩猎，金毛寻回犬还能完成其他工作，例如作为导盲犬。1870年，苏格兰首次繁育出金毛寻回犬。

延伸阅读：狗；拉布拉多寻回犬；宠物。

温和、俊俏的金毛寻回犬是最受家庭喜爱的宠物之一。

金枪鱼

Tuna

金枪鱼是一类敏捷的海洋鱼类。世界上现存的金枪鱼有好几种。大西洋蓝鳍金枪鱼是其中体型最大的，体长可达4.3米，体重可达730千克。体型最小的金枪鱼是圆舵鲣，体长为50厘米，体重约2.3千克。

金枪鱼是海洋中速度最快的鱼类之一。蓝鳍金枪鱼的速度高达72千米/时。同时，金枪鱼的游泳距离也很长，有时能够从一个大洋游至另一个大洋。

人们会因为渔业而捕捉金枪鱼。金枪鱼肉在许多国家都很受欢迎。由于过度捕捞，有些种类的金枪鱼已经越来越稀少了。

延伸阅读：鱼；渔业。

金枪鱼鱼雷状的体型能够帮助它们在水中快速移动。

金丝雀

Canary

金丝雀是一种体型很小的黄色鸣禽，许多人会把它们作为宠物。它们是世界上最流行的宠物鸟之一，也是人类的好伴侣，人们很喜爱它们美妙的鸣唱声。大多数养作宠物的金丝雀体色为鲜黄色，还有一些个体的体色为浅黄色。

金丝雀是一种燕雀类的鸟，原产于西班牙的加那利群岛。加那利群岛位于临近非洲西北海岸的大西洋中，那里至今仍有野生的金丝雀生存。野生金丝雀的鸣唱声通常没有那些宠物金丝雀优美，并且，野生金丝雀的体色呈现深绿色或橄榄色。

延伸阅读：鸟；雀；宠物。

金丝雀具有活泼美妙的歌声，所以它们是很受欢迎的宠物。与驯化后的金丝雀（左）相比，野生金丝雀（右）身体上的纹路颜色更深。

金鱼

Goldfish

金鱼是很受欢迎的小型宠物鱼类。金鱼有数十个品种，比如彗星、狮子头和扇尾。并非所有的金鱼都是金色的，它们的颜色可能为红色、橙色、棕色、灰色、黑色或白色，不过这些鱼仍然是金鱼。它们中有些体长只有5~8厘米，有些可以长到30厘米以上。

大多数宠物金鱼的寿命不会超过5年，但有时也有金鱼能够能活到40多岁。在野外状态下，金鱼的寿命通常不超过15年。

照料金鱼时，不需要像对其他许多宠物那样花费很多精力，只要保证它们生活的水体干净、不含化学药品，水温约18℃即可。金鱼应该一天喂一次，它们以虫子、面包屑、水蚤和植物为食，大多数人会用特殊的鱼粮喂养宠物金鱼。

金鱼的祖先是一种分布于中国和日本、颜色单调的鱼类。几百年前，中国人培育出色彩艳丽、鱼鳍和体型奇特的各种金鱼。如今，宠物金鱼通常由人工直接繁育而来。

延伸阅读：鱼；宠物；热带鱼。

金鱼

进化

Evolution

进化理论认为生命是不断变化、不断演进的，这样的变化和演进常常处于很长的时间尺度。进化形成的不同种类的生物即物种。进化理论解释了为什么世界上有如此多种类的生物，描述了物种如何随时间变化，也解释了生物如何适应环境。

许多进化过程是通过自然选择发生的。在自然选择中，一个物种的成员生来就有不同的特征，某些特征有助于个体生存和繁衍，它们会将这些特征传递给后代，而没有这些特征的个体，其存活和繁衍的可能性更小。通过这种方式，随着时间的推移，那些有助于生存的特征就会变得更加普遍。

想象一下长颈鹿的祖先，和现代长颈鹿一样，这些动物以树叶为食。有些个体天生脖子长，它们能够吃到更多的树叶，因此，长脖子有助于它们存活和产生更多的后代。随着时间的推移，脖子长的个体比脖子短的个体更常见。自然选择塑造了脖子长的长颈鹿的进化过程。

个体天生具有不同的特征，部分原因是因为基因的变化。基因是细胞内的化学指令，它们指引着一个生物如何生长。动物会把基因传给后代。然而，基因有时候会发生变化，这种变化称为突变。突变可以产生新的性状，自然选择决定了这些新特性是否会变得普遍。

始祖象（左下图）生存于距今4000万年前。许多科学家认为这些矮胖的、齐膝高的动物是如今世界上最大的陆地动物——大象的祖先。

　　进化也会促使新物种的产生。事实上，进化理论认为所有的物种都是从单一的生命演化而来的。科学家认为最早的生命出现于距今超过35亿年前，它是地球上千百万种生物的共同祖先。因此，所有的生物都是具有亲缘关系的。亲缘关系近的物种具有一个相对较近的共同祖先，黑猩猩和大猩猩是近亲，科学家已经确定，它们是由生存在距今1000万～400万年前的共同祖先演化而来的。黑猩猩和爬行动物则是远亲，科学家已经确定它们是由生存于距今3亿年前的共同祖先进化而来的。

　　新物种会以各种不同的方式出现。其中一种情况是，一个物种的成员被某种屏障分隔开，例如，当有动物抵达大洋深处的一个岛屿时，它们将不再与在大陆生存的同类物种接触。自然选择有可能会偏爱岛上动物所具有的不同特征，于是随着时间的推移，这些动物就可能会变得与大陆上的动物大不相同，最终居住在岛上的动物会形成一个全新的物种。

　　英国科学家达尔文在1859年所撰写的一本书中首次描述了自然选择所驱使的进化，这本书就是《物种起源》。如今，几乎所有的科学家都认为进化论是正确的。然而，有些人仍然不接受进化思想。

　　延伸阅读： 达尔文；灭绝；化石；基因；突变；自然选择；史前动物；物种。

马最早的祖先——始祖马，生于距今约5500万年前。千百万年来，各种马逐渐发展，它们在体型大小和其他身体特征上各不相同。例如，脚上具有多趾的早期马类逐渐发展为如今脚上只有一趾的现代马类。

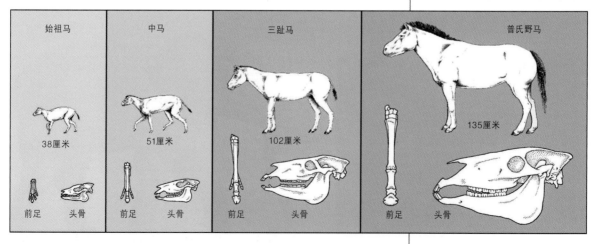

始祖马	中马	三趾马	普氏野马
38厘米	51厘米	102厘米	135厘米
前足　头骨	前足　头骨	前足　头骨	前足　头骨

京巴狗

Pekingese

　　京巴狗是一个长毛的小型犬种。它们的体色多样，几乎能呈现任何颜色，但通常它们的毛色为棕黄色或褐色，毛发的边缘颜色也浅一些。京巴狗的头部很大，面部宽而平，耳朵很长，腿短而身体长，尾巴会卷曲在背部。京巴狗在小跑的时候会左右摇晃。它们的体重为2.7～4.5千克。京巴狗是聪明又调皮的动物，虽然体型很小，但胆子很大。

　　从8世纪开始中国就已经在饲养京巴狗了。它们的名字是以中国的地名北京命名的。京巴狗曾经是中国的皇家犬种，只有皇室才能拥有它们。

延伸阅读： 狗；哺乳动物；宠物。

京巴狗

鲸

Whale

　　鲸是一类大型海洋哺乳动物。最大的鲸——蓝鲸，是有史以来最大的动物，体长可达30米，体重超过135吨。但也有些鲸的体长只有3～5米。

　　鲸看起来与鱼很相像，但它们与鱼有好几个不同之处。鲸有肺，必须浮出水面呼吸。鱼则能用鳃在水下呼吸。鲸属于恒温动物。也就是说，不管周围环境的温度如何，它们的体温保持不变。而几乎所有的鱼都是变温动物。它们的体温会随着水温变化。鲸和鱼之间最明显的区别是尾巴，鱼有垂直的尾鳍，鲸的尾鳍则是水平方向。

鲸通过头上的喷水孔（鼻孔）呼吸。鲸具有短而宽的鼻道，当它们浮出水面时，鼻道可以让它们迅速呼吸。

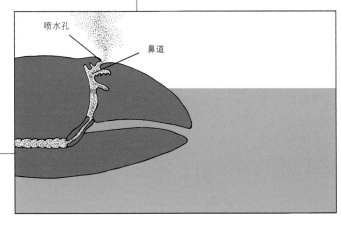

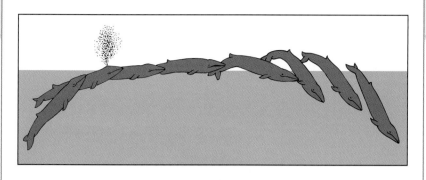

鲸通过一个快速的前冲使自己浮出水面并呼吸,随后它们会以一套连续动作开始一次新的潜水。这样的动作模式使得鲸只需要两秒钟就能完成吸气和呼气。当一些鲸开始深潜时,它们会把尾鳍伸出水面。

　　鲸的身体很长,它们具有两个胸鳍和一个大大的尾鳍。鲸通过上下移动尾鳍来游动。它们通常有光滑的皮肤,肤色可能为黑色、棕灰色、灰色或白色。在它们的皮肤下面,有一层叫作鲸脂的脂肪,能帮助鲸在寒冷的海水中保持体温。

　　鲸通过位于头顶的鼻孔呼吸,这个鼻孔称为喷水孔。一些鲸具有一个喷水孔,还有一些鲸有两个。鲸浮到水面上是为了呼出二氧化碳,并吸入更多的氧气。有些种类的鲸能在水下憋气长达两个小时。

　　像其他哺乳动物一样,鲸会直接产下幼崽,幼崽依靠母亲的乳汁成长。鲸的乳汁营养异常丰富。一只小蓝鲸每天可以增重90千克。

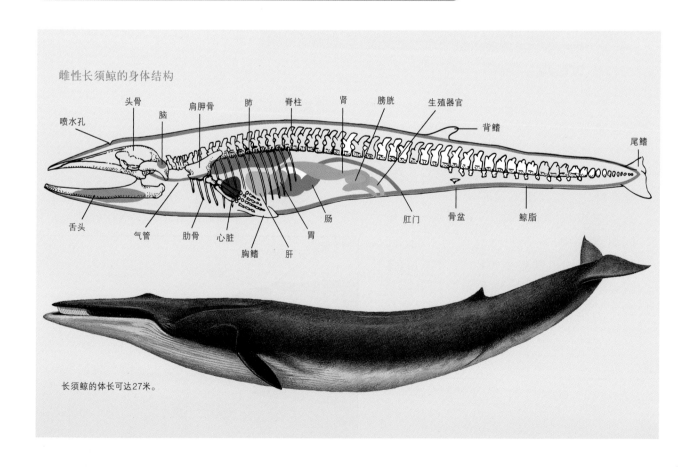

雌性长须鲸的身体结构

长须鲸的体长可达27米。

鲸有两种主要类型，即须鲸和齿鲸。须鲸没有牙齿，它们的嘴里具有叫作鲸须的板状结构，鲸须是由与人类指甲类似的物质构成。须鲸主要以浮游动物为食。浮游动物由随波逐流的微小生物组成。

齿鲸具有牙齿，大多以鱼或乌贼为食。最大的齿鲸是抹香鲸。科学家把海豚和鼠海豚也归为齿鲸。

许多种类的鲸濒临灭绝。在19世纪和20世纪，人们捕杀了大量的鲸。他们捕鲸的主要目的是为了获取宝贵的鲸脂。现在大多数国家禁止商业捕鲸。不过，虽然许多种类鲸的种群在缓慢恢复，但它们仍然受到威胁。

延伸阅读： 蓝鲸；鲸豚类动物；海豚；濒危物种；长须鲸；灰鲸；大翅鲸；虎鲸；哺乳动物；领航鲸；鼠海豚；抹香鲸；恒温动物；浮游动物。

须鲸具有薄而结实的鲸须，鲸须悬挂在鲸的上颚（顶部图）。须鲸包括几乎所有的超大型鲸类，如弓头鲸、小须鲸和大翅鲸。

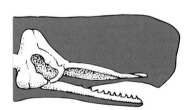

齿鲸具有桩子一般的牙齿（右上图）。齿鲸在体型和形态上有很大差别，主要种类包括抹香鲸、虎鲸和贝氏喙鲸。

鲸鲨

Whale shark

鲸鲨是现存体型最大的鱼类，体长至少可达12米。鲸鲨的体色为深灰色、淡红色或灰白色。它们的身体上部具有白色的大斑点，腹面则呈白色或黄色。鲸鲨的头又大又平，嘴部也很大。

与大多数其他鲨鱼不同，鲸鲨以浮游生物为食。浮游生物由随波逐流的微小生物组成。鲸鲨对人类无害。

世界各地的热带海洋中都有鲸鲨的分布。由于它们非常罕见，所以科学家对这种鲨鱼知之甚少。

鲸鲨会产卵，但科学家认为，母鲨会把这些卵留在体内，直到幼鲨直接被孵化出来。新生幼鲨的体长约为60~90厘米。

鲸鲨的种群数量已经下降了很多，主要原因是过度捕杀。如今一些国家立法保护鲸鲨。

延伸阅读： 鱼；浮游生物；鲨鱼。

鲸鲨是世界上体型最大的鱼类。它们的体重是大象的两倍多。

鲸豚类动物

Cetacean

鲸豚类动物是科学家用来称呼鲸、海豚和鼠海豚所属类群的名称。几乎所有鲸豚类动物都栖息于海洋中，只有很少数的种类栖息于河流中。

鲸豚类动物属于哺乳动物。像狗和猫这样的大多数哺乳动物，全身都有毛发覆盖，但是鲸豚类动物通常只在头部有几根鬃毛。和

鲸豚类动物是生活在水中的哺乳动物类群，海豚也属于鲸豚类动物。

大多数哺乳动物一样，鲸豚类动物直接产下幼崽，并以乳汁哺育幼崽。鲸豚类动物也有肺，虽然生活在水中，但它们必须游到水面呼吸空气。

鲸豚类动物的身形与鱼类很相似，它们的平滑身体有助于它们在水中轻松移动，它们的胸鳍代替了原有手臂，强有力的尾巴代替了腿。但是鲸豚类动物的尾巴是上下移动的，而鱼类的尾巴则是左右两边移动的。鲸豚类动物的脂肪层被称为鲸脂，用于保暖。

延伸阅读：鲸脂；海豚；哺乳动物；鼠海豚；鲸。

鲸脂

Blubber

鲸脂狭义上指鲸类皮肤下面的一层厚厚的脂肪，但在广义上，这类脂肪出现在许多海洋哺乳动物身上。鲸类、海豹和海象都属于海洋哺乳动物，它们都具有这类脂肪。

脂肪有助于海洋哺乳动物在寒冷水域中保持体温。在食物短缺的时期，海洋哺乳动物也可以依靠脂肪维持生命。由于脂肪比水轻，所以也有助于海洋哺乳动物漂浮。

在过去，人类为了获取鲸脂而捕杀了大量的鲸。他们把鲸脂做成鲸油，而鲸油可用于制作肥皂、胶水、化妆品和蜡笔。如今，人们使用其他不同类型的油来制造这些产品。但一些北极地区的原住民仍然会取食鲸脂。

延伸阅读：哺乳动物；鳍脚类；鲸；海象。

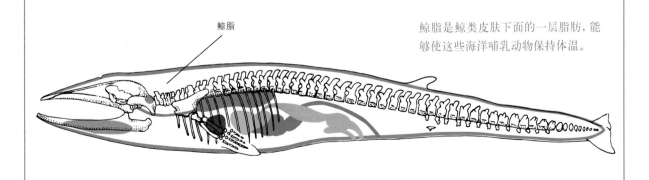

鲸脂

鲸脂是鲸类皮肤下面的一层脂肪，能够使这些海洋哺乳动物保持体温。

鸠鸽类

Dove

　　鸠鸽类具有丰满的身形、小脑袋和短腿。这类鸟的体长约为15～30厘米。它们飞行速度快，姿态优美。

　　野生鸠鸽类与家鸽有密切的亲缘关系。现存的鸠鸽类有数百种，在世界上的大部分地方都有分布。

　　雄性鸠鸽会发出凄厉的咕咕声来吸引雌性。鸠鸽在地面、灌木丛或树上筑巢，它们一年可以下好几次蛋。

　　鸠鸽类以种子、坚果、水果和昆虫为食，许多动物都会捕食它们。人类曾经捕杀了数百万只鸠鸽，但是鸠鸽繁殖速度很快，其中的许多种类还没有受到人为捕猎的威胁。

　　延伸阅读：　鸟；鸽。

白鸽是和平的象征。

巨水鸡

Takahe

巨水鸡是一种色彩斑斓、不会飞的鸟。

　　巨水鸡是一种新西兰的原生鸟类，体色鲜艳、性情温顺。巨水鸡具有蓝色和绿色的羽毛、厚厚的红色喙和腿。巨水鸡的体高可达50厘米。它们以种子和植物柔软的茎为食，会在地上用草和树叶筑巢。

　　科学家曾经认为巨水鸡已经灭绝。但在1948年，人们在新西兰的南岛重新发现了巨水鸡。它们是一种非常稀有的鸟类。

　　延伸阅读：　鸟。

巨蜥

Monitor

巨蜥是一类大型蜥蜴的通称。它们的体长常常可达1.2米以上。在巨蜥中，有一种科莫多巨蜥，体长通常可达3米。巨蜥分布于非洲、南亚、澳大利亚和许多太平洋岛屿上。

巨蜥具有深褐色的身体和深分叉的舌头。

巨蜥具有长长的头部和颈部，还具有分叉的狭长舌头。身体通常为黑色或棕色，上面还会带有黄色的条纹或斑点。巨蜥的腿短而有力。尾部具有鞭状的末端。

当巨蜥走投无路时，它们会高高站起，并膨起自己的身体。巨蜥会使用鞭子般的尾部自卫，还会用锋利的牙齿进行撕咬。巨蜥几乎会吃掉它们能杀死的任何动物，包括鸟类、昆虫、哺乳动物和其他爬行动物。许多巨蜥栖息在水域附近，它们都是游泳好手。

最著名的巨蜥包括科莫多巨蜥和非洲尼罗河巨蜥。水巨蜥也广为人知，它们分布于从印度到澳大利亚北部的广阔地区。

延伸阅读： 科莫多巨蜥；蜥蜴；爬行动物。

巨型管虫

Giant tubeworm

巨型管虫是一类栖息于太平洋底部的体型特别巨大的蠕虫类动物。它们生活在管道中。管道的一端连着岩石或其他坚硬的表面，另一端则具有一个开口。

巨型管虫有一个鲜红色的被称为羽状物的羽毛状器官，它们可以从管内的开口延伸出自己的羽状物。

巨型管虫栖息于热液口附近。热液口就像海底的天然烟囱，释放热水和化学物质。

巨型管虫的体长可达1.5米。体型最大的管虫直径可达5厘米，它们的管道高度能达到2.5米。

通常情况下，这些巨型管虫会待在它们的管道顶部附近。它们的羽状物能从水中吸收化学物质。有些细菌在巨型管虫体内生活，利用后者吸收的化学物质制造食物。这些细菌与巨型管虫分享食物，这种关系称为共生关系。

延伸阅读： 细菌；海洋动物；共生；管虫；蠕虫。

巨型管虫与细菌之间存在共生关系。管虫为细菌提供了居所，细菌为管虫提供了食物。

巨嘴鸟

Toucan

巨嘴鸟是一类长着巨大而多彩的喙的鸟类，它们栖息于中美洲和南美洲的雨林中。

巨嘴鸟的喙会呈现黑色、蓝色、棕色、红色、白色、黄色或多种颜色。巨嘴鸟的喙看起来很重，但其实很轻，因为里面是中空的结构。现存的巨嘴鸟有几十种。最大的一种是托哥巨嘴鸟，体长约为64厘米。巨嘴鸟的舌头又细又粗糙。巨嘴鸟通常以小的水果为食，但有时它们会用喙将大的水果撕碎。大多数种类的巨嘴鸟集群生活，并会在中空的树上睡觉。

延伸阅读： 喙；鸟；雨林。

巨嘴鸟那巨大而色彩鲜艳的喙有时会用来向其他巨嘴鸟发出信号。

卡森

Carson, Rachel

蕾切尔·卡森（1907—1964）是一位美国的环保主义者和海洋生物学家。

《寂静的春天》（1962年）是卡森最著名的一本书。书中向人们警告了使用某些化学物质杀死害虫会带来的危险。杀虫剂中的化学物质会污染人和其他动物的食物，对鸟类尤其有害。这本书促使许多国家禁止或限制这些有害化学品。卡森还撰写过数本关于海洋和海岸带生命的书籍，包括《我们周围的海洋》（1951年）。

卡森于1907年5月27日出生于美国宾夕法尼亚州斯普林代尔。她曾在美国的鱼类和野生动物部门工作。她于1964年4月14日去世。

延伸阅读： 生物学；濒危物种；环境。

卡森

考拉

Koala

考拉是一种分布于澳大利亚的小型动物，有时会被称为树袋熊，但它们并不是真正的熊。考拉属于有袋类哺乳动物，年幼的考拉会被妈妈放在腹部的育儿袋里。与其他哺乳动物一样，幼崽依靠喝妈妈的乳汁成长。

考拉的背部有柔软的灰色或褐色毛，腹部有白色的毛。它们有圆圆的耳朵、长长的脚趾和锋利的弯曲爪子。一只成年考拉的体长为64~76厘米。

考拉栖息在树上，它们白天的大部分时间都在睡觉。而到了夜晚，它们会很活跃。考拉以桉树的叶子和嫩芽为食。因为桉树叶中含有毒素，所以大多数动物不能取食桉树叶。

考拉妈妈会直接产下小考拉。幼崽会在母亲的育儿袋里生活大约七个月。接下来的六个月里，它们会骑在妈妈的背上生活。

一只母考拉背着它的幼崽。幼崽会在妈妈的育儿袋里度过出生后的前七个月，之后的六个月，它们会骑在妈妈的背上。

目前，考拉的种群数量已经持续多年下降，它们遭受的主要威胁是桉树林的破坏。此外，考拉中有很多个体都会感染衣原体，这种疾病会导致考拉失明、雌性不育和肺炎。

■ **延伸阅读：** 袋鼠；哺乳动物；有袋类动物。

科

Family

在生物学上，同科生物的亲缘关系比较紧密。生物学家把每一种生物归类到七个不同的阶元。这些阶元分别是界、门、纲、目、科、属和种。每一个阶元都由紧随其后的更小阶元组成。例如，纲由目组成，而目由科组成。

阶元越小，则其中的成员越相似。某一特定科成员之间的亲缘关系比某一特定目成员的亲缘关系更近。但它们之间的亲缘关系比一个特定属成员的亲缘关系远。

在分类学中，有众多不同的科。猫类组成了猫科，而犬类则组成了犬科。

■ **延伸阅读：** 纲；科学分类法；目。

猫科动物

狮

野猫

虎

美洲豹

豹

科莫多巨蜥

Komodo dragon

科莫多巨蜥是地球上现存最大的蜥蜴。它们的体长可达3米，体重可达165千克。这种蜥蜴分布于热带的印度尼西亚科莫多岛和其他一些岛屿上。

科莫多巨蜥有布满鳞片的身体、长长的脖子、强壮的爪子和锋利的牙齿。它们经常以动物尸体为食，长而分叉的舌头能够帮助它们找寻到几千米外的动物尸体。

科莫多巨蜥也会主动捕食，它们依靠自己的速度和力量杀死鹿、野猪，甚至水牛。科莫多巨蜥也曾经杀死过少数人类。它们的嘴里充满了细菌，在捕猎时，科莫多巨蜥通常会先咬上猎物几口，然后等待猎物因细菌感染而死亡。科学家发现了能够证明科莫多巨蜥唾液中有毒的证据。

雌性科莫多巨蜥通常一窝产15~30枚卵，卵会在8~9个月内孵化。幼年的科莫多巨蜥可能需要五年的时间才能长为成体。科莫多巨蜥的寿命可达50年。

目前科莫多巨蜥已经很罕见，人们破坏了它们的许多生存区域。科莫多巨蜥是受法律保护的动物。

延伸阅读：濒危物种；蜥蜴；有毒动物；爬行动物。

科莫多巨蜥是一种分布于印度尼西亚的蜥蜴。它们看起来就像西方神话中的龙，体长可达3米。

科学分类法

Scientific classification

科学分类法是科学家将植物、动物和其他生物分别整理归进不同分类阶元的一种方法。进行分类意味着将物种归于不同阶元，同一阶元的生物具有相似性。例如，所有的动物都属于同一个分类阶元，因为它们具有许多共同特征，其中一个重要的相似点是动物必须通过取食来生长和生活，而不能像植物那样自己制造食物。动物们都很相似，它们彼此之间都有着亲缘关系。将物种划分进不同阶元的方法称为"分类学"。

科学家会通过许多特征来确定动物的分类。他们会观察动物身上是否有毛皮、毛发或鳞片覆盖，会去确认动物的繁殖方式，会研究动物的皮肤。如今，科学家所使用的最重要的一个分类方法是根据基因来进行判断。基因是细胞核内的微小结构，它控制着动物如何成长，亲缘关系密切的动物具有许多相同的基因。

每个特定种类的生物都有由两部分组成的科学名称，即学名。每一部分都是一个单词，通常来自拉丁文或希腊文。例如，美洲狮的学名是*Puma concolor*，第一部分告诉我们这个动物属于哪一个属，第二部分则描述了动物的种。一个属通常有两个或两个以上的种。例如，分布在中美洲的细腰猫是美洲狮的近亲，这些野生猫科动物属于同一个属，细腰猫的学名是*Puma yagouaroundi*。

对一个确定的物种，世界各地的科学家使用相同的学名。不是科学家的人通常会以不同名称称呼同一种动物。例如，美洲狮也被称为山狮。但是科学家总是以*Puma concolor*来称呼这种动物。

科学的分类体系由七个主要层级组成，这些层级分别称为界、门、纲、目、科、属、种。它们从大到小依次排列，每一层级由紧随其后的更小的层级组成。例如，纲由许多不同的目组成，目由许多不同的科组成。层级越小，生物之间的亲缘关系就越紧密。

动物界由动物构成。动物界包含许多门。例如，蚯蚓和其他一些身体分节的虫子组成了环节动物门，有脊索的动物组成了脊索动物门。它们都可以进一步分为纲、科和独立的物种。

延伸阅读：界；门；纲；目；科；属；物种。

下表展示了分类的示例。北美红松鼠能够与其他动物种类区分开来。当我们从界、门、纲、目、科、属、种向下阅读时，会发现每组动物都有越来越多的共同特点。到了物种这一级别，动物们就具有十分多的相似特征了，它们长得都很像。

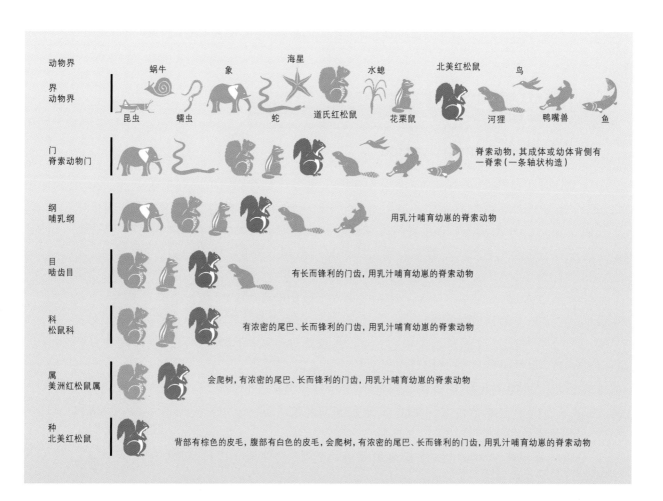

蝌蚪

Tadpole

蝌蚪是蛙类或蟾蜍的幼体。蝌蚪是动物幼体的一种类型,幼体是某些动物生命史的初期阶段。

蝌蚪生活在水里。当蝌蚪从卵中孵化出来时,看起来就像是一条小鱼。随着蝌蚪长得越来越大,它们开始与成体变得相似,这种幼体向成体的转变过程称为变态发育。蝌蚪期的持续时间在10天至2年以上,这取决于蛙类或蟾蜍的不同种类。

蝌蚪栖息在浅水中。大多数种类的蝌蚪都生活在水流缓慢的河流、池塘或湖泊中。大多数蝌蚪是由雌性蛙类或蟾蜍产在水中的卵孵化而来。

延伸阅读: 蛙;幼体;生活史;变态发育;蟾蜍。

蝌蚪是蛙类或蟾蜍的幼体。

克里克

Crick,Francis H. C.

弗朗西斯·克里克(1916—2004)是一位英国生物学家。

20世纪50年代,克里克与美国生物学家沃森合作研究DNA(脱氧核糖核酸)。DNA是所有细胞中都具有的一种物质,它能携带制造一个生命体的所有指令。DNA由父母传递给孩子。

克里克和沃森发现了DNA的形态。DNA看起来像一个扭曲的梯子,由两条互相缠绕在一起的长链组成。1962年,克里克和沃森因为他们的发现获得了诺贝尔生理学或医学奖。克里克于1916年6月8日出生于英国北安普敦,2004年7月29日去世。

延伸阅读: 脱氧核糖核酸。

克里克

克隆

Cloning

　　克隆指在物理上创造出一个生物的复制品。克隆体与被克隆体具有相似的基因。基因是生物体内携带的能够为构成身体提供指令的微小结构，基因决定每个生物的外观形态。

　　包括细菌和其他一些细胞有机体在内的一些生物，能够在自然界中自我克隆，有些植物也能自我克隆。而对于人类，同卵双胞胎也属于克隆。

　　科学家已经掌握了如何克隆动物的方法。1996年，科学家首先克隆出了一只绵羊，起名为"多利"。从那以后，科学家已经实现了鼠和牛等其他动物的克隆。然而，克隆动物并不是一个完美的过程，克隆体的健康方面一直都存在困难。

　　延伸阅读： 脱氧核糖核酸；基因。

克隆体的外观和行为并不总与被克隆体完全相同。如图，右边的那只鼠是左边那只鼠的克隆体。科学家发现克隆鼠的外观和行为，与为它提供基因的被克隆体非常不同。

孔雀

Peacock

雄孔雀试图通过把它那五颜六色的巨大羽毛展开成美丽的扇形来吸引雌孔雀。

　　孔雀是一类以美丽的羽毛而闻名的大型鸟类。

　　蓝孔雀是最著名的孔雀种类之一。它们分布于印度和斯里兰卡。雄性蓝孔雀的颈部和胸部为蓝绿色，身体下半部则为紫蓝色。雄性的背上还会长出绿色的长羽毛，称为尾上覆羽。这些羽毛上有许多看起来像眼睛的斑点。孔雀有时会把这些羽毛展开成美丽的扇形。雄性会用它的羽毛来吸引配偶。雌性的颜色则没有那么鲜艳，而且它们也没有这些特殊的羽毛。

　　延伸阅读： 鸟；羽毛。

孔雀鱼

Guppy

孔雀鱼是一种小型热带鱼类，是颇受欢迎的宠物。

野生孔雀鱼栖息于委内瑞拉和加勒比群岛的淡水溪流中，它们以蠕虫、贝类和昆虫为食。

大多数鱼类产卵，但孔雀鱼却会产下活的幼鱼。新生的孔雀鱼十分小，肉眼几乎无法看见，它们的体型只有逗号那么大。它们最终能长到大约2.5厘米长。

孔雀鱼是不错的宠物，观察它们很有趣，而且它们也容易饲养。

延伸阅读：鱼；宠物；热带鱼。

孔雀鱼

恐龙

Dinosaur

恐龙是一类统治地球达1.6亿年之久的史前爬行动物。一些恐龙体型非常大，最大的种类体长能达到40米，体重接近77吨。但也有些恐龙的体型还没有家鸡大。恐龙这个名字来自拉丁文，意思是可怕的蜥蜴，但是恐龙并不是蜥蜴。

最早的恐龙出现于距今2.3亿年前，它们很快就成为陆地上最大、最重要的动物。恐龙大约在6500万年前灭绝。恐龙生活的时代通常被称为恐龙时代或者爬行动物的时代。

恐龙有两个主要类型：鸟臀类和蜥臀类，这两者可以通过臀部的形状和骨骼的其他部分进行区分。

鸟臀类恐龙的臀部骨骼形态与现生鸟类相似。它们

蜥臀类的臀部骨骼形态与蜥蜴相似，鸟臀类的臀部骨骼形态与现生鸟类相似。

蜥臀类
异特龙

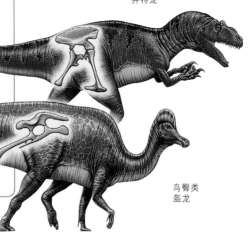

鸟臀类
盔龙

在距今2亿~1.45亿年前的侏罗纪时期，有更多的植食恐龙和肉食恐龙出现，并且这些恐龙的体型逐渐变得越来越大。

的下颌前方有像喙一样的骨头，许多种类的皮肤上有骨板。鸟臀类恐龙都以植物为食，其中著名的包括剑龙、三角龙和甲龙。

蜥臀类恐龙包括最大、最凶猛的恐龙，它们的臀部骨骼形态与蜥蜴相似。蜥臀类中的一些种类以植物为食，另一些则以肉类为食。大型植食动物——蜥脚类恐龙有长长的尾巴、脖子和巨大的身体，如迷惑龙和梁龙。其他蜥臀类则是可怕的肉食者，这些恐龙被称为兽脚类恐龙，包括异特龙、暴龙以及伶盗龙。暴龙属中的霸王龙非常有名。

科学家主要通过研究化石来了解恐龙。化石包括恐龙的骨骼、牙齿、蛋、羽毛、巢穴、足迹、皮肤痕迹甚至粪便。科学家还会研究气候、陆地和海洋的变化。

在恐龙时代开始的时候，所有的大陆都集中在一块巨大的陆地上，这个超级大陆被称为盘古大陆。盘古大陆大约在距今2亿年前开始分裂成不同的大陆，这些大陆在数百万年的时间里逐渐漂移到现在的位置。盘古大陆的解体引发了恐龙时代的许多变化。

在恐龙时代的大部分时间里，最重要的植物是针叶树，苏铁和银杏树占据着很重要的位置。许多不同类型的动物与恐龙生活在一起，包括鳄类、蛙类、昆虫和蜥蜴，也有小型哺乳动物生存。

开花植物最早也在恐龙时代出现，这些植物在环境中的地位逐渐变得越来越重要。苏铁和银杏树最终变得稀少起来。第一批鸟类也在这段时间出现。大多数科学家认为鸟类由小型食肉恐龙演化而来。事实上，有证据表明许多兽脚类恐龙可能有羽毛，但是这些恐龙一般不会飞。

许多其他大型爬行动物也生活在恐龙时代。翼龙是会飞行的爬行动物，它们的翅膀上没有羽毛，而有巨大的皮膜，这与蝙蝠的翅膀很相像。蛇颈龙和鱼龙则统治着海洋。许多人认为这些动物也是恐龙，但它们实际上属于爬行动物中的其他类群。

恐龙

白垩纪从距今1.45亿年前持续到6500万年前，是恐龙的全盛时期。这一时期出现了许多新的恐龙种类，而且数量很多。

有关恐龙的科学理论随着时间的推移不断改变。许多年里，科学家都曾认为恐龙笨拙、迟钝、不聪明。他们认为恐龙是独自生活的，不会照顾自己的幼崽。但是如今科学家已经得知许多恐龙实际上是敏捷、优雅和聪明的动物。有些恐龙似乎能够像狼一样成群结队地捕猎，许多植食恐龙会成群结队地迁徙，其中有些种类可能会随着季节变化而迁徙，就像今天的许多动物一样。

还有证据表明，许多恐龙为它们的幼崽提供了照料。例如，一些鸭嘴龙会集成大型群体一起筑巢，它们可能会给正在成长的幼崽带来食物。其他的恐龙则可能会为自己的蛋保持温暖，并保护自己的幼崽。

但还有一些种类的恐龙显然在产卵后离开了自己的巢穴。最大的恐龙如果待在巢穴附近，可能会碾碎恐龙蛋和幼崽。

图中展示了植食恐龙和肉食恐龙。一只畸齿龙（右下）用它的门牙咬掉了植物的叶子和茎，霸王龙（左下）则用牙齿刺穿大块的肉，然后把它从动物的尸体上扯下。

　　恐龙大约在6500万年前突然灭绝，许多其他种类的植物和动物也在这时灭绝。

　　大多数科学家认为恐龙灭绝的原因是一颗巨大的小行星撞击了地球。大约在距今6500万年前，一颗直径至少10千米的小行星撞击了地球。这颗小行星的撞击在今天的墨西哥湾造成了一个直径约180千米的巨大陨石坑。撞击将数十亿吨的尘埃和碎片抛入大气层，并可能在世界范围内引起了大火。烟雾和碎片会阻挡阳光好几个月，没有阳光植物就不能生长，吃植物的恐龙会饿死，随后以植食恐龙为食的肉食恐龙也会死亡。

　　一些科学家认为，在如今印度所在位置的大型火山的爆发也可能是恐龙灭绝的原因。这些火山爆发也发生在距今6500万年前。火山爆发会释放出大量的气体，可能导致了气候和海洋的变化，这些快速变化也可能杀死了众多生物。

　　恐龙消失后，地球上的生物在许多方面发生了变化。哺乳动物成为陆地上和海洋中最大的动物，开花植物和鸟类也兴旺发达。事实上，大多数科学家认为鸟类是唯一一类幸存下来的恐龙类群。恐龙中有有史以来最大的陆地动物，而今天的大多数鸟类则体型较小。但是，即使是最小的鸣禽，也是统治了地球1.6亿年的强大生物的后裔。

　　延伸阅读： 巴克；鸟；灭绝；化石；古生物学；史前动物；爬行动物；塞利诺。

恐龙出现于距今约2.25亿年前，它们由早期爬行动物槽齿类演化而来。与鸟类相似的那些恐龙由小型肉食恐龙演化而来，它们最终演化成了现代鸟类。像原鸟这样的早期鸟类可能是鸟类进化谱系上的分支。所有恐龙在距今约6500万年前灭绝，鸟类是恐龙唯一幸存下来的后裔。

现代鸟类

恐龙消失

6500万年前

恐龙

1.5亿年前

始祖鸟

2.15亿年前

原鸟

?

2.25亿年前　恐龙

槽齿类

恐爪龙

Deinonychus

　　恐爪龙是一种小型食肉恐龙。包括长长的尾尖在内，它们的体长约为2.7米，体高约为1.5米，体重约为70千克。它们生活在距今1.1亿~1亿年前，化石发现于北美洲西部。

恐爪龙用两条后腿走路和奔跑，用又长又硬的尾巴来保持平衡。这种恐龙具有适合捕猎的身体，它们有大大的眼睛、强有力的下颚、锋利的牙齿，还有长长的胳膊，末端则是细长的手指，这些特征有助于恐爪龙抓住猎物。

它们的每只脚上都长着长长的刀刃状的爪子，每只爪子大约有12.5厘米长。正是这些爪子赋予了这种恐龙名字，恐爪龙的爪子能够帮助它们撕碎猎物。恐爪龙很可能以成群猎食的方式杀死体型较大的猎物。

延伸阅读： 恐龙；古生物学；史前动物；爬行动物。

真实大小的恐爪龙模型

口蹄疫

Foot-and-mouth disease

口蹄疫是一种影响牛、羊和猪的传染病，也会对其他种类的有蹄动物造成影响。口蹄疫主要在非洲、亚洲和南美洲传播。

口蹄疫会使动物身上产生疼痛的水泡。这些水泡会形成于嘴唇、舌头、牙龈、鼻孔、蹄子的上部，蹄子的两个部分之间也会起水泡。这种疾病会影响雌性牲畜分泌乳汁的腺体。

口蹄疫通过接触感染的动物而传播。其他种类的动物即使不受感染也能传播疾病。患病的动物可能会死亡或受到很大影响，进而给农民造成很大损失。各国政府通过阻止受感染动物的进口来遏制疾病的蔓延。

延伸阅读： 牛；农业与畜牧业；猪；牲畜；绵羊。

患口蹄疫的牛

库斯托

Cousteau, Jacques-Yves

库斯托

雅克－伊夫·库斯托（1910—1997）是一位法国海洋学家，也是一位作家和电影制片人。他发明了好几种海底勘探的新方法。1943年，库斯托协助发明了水肺，这种呼吸装置能够使潜水员在水下长时间地自由移动。

从1951年直到去世，库斯托一直在他的船"卡里普索号"上探索海洋。他撰写了一系列关于海洋生物的书，被翻译成很多语言。他的三部关于海洋生物的电影都获得了奥斯卡奖。奥斯卡奖是美国每年颁发的电影奖项。

库斯托于1910年6月11日出生在法国波尔多附近的圣－安德烈－德－卡扎克，于1997年6月25日去世。

延伸阅读：海洋动物。

鵟

Buzzard

鵟

鵟（kuáng）是一类捕食其他动物的大型猛禽，属于鹰的一个类型。世界上现存很多种鵟，分布于全球的大部分地区。

鵟具有厚重的身躯和宽阔的翅膀。许多种类的鵟有扇形的尾巴。鵟的体长能达到70厘米。

鵟能够捕食包括昆虫、蛇和啮齿动物在内的各种动物。它们会运用极佳的视力在高空锁定猎物，随后从空中猛扑下来，用爪子抓住猎物。人们有时用鵟来称呼不同种类的美洲鹫，但这些美洲鹫并不是真正的鵟类。

延伸阅读：鸟；猛禽；美洲鹫。

蝰蛇

Viper

蝰蛇是一类毒蛇。它们的上颚有一对中空的长毒牙。当蝰蛇咬人时，毒液会通过毒牙注入人体。大多数蝰蛇的头比脖子宽得多，它们还有粗壮的身体和短小的尾巴。

许多蝰蛇在靠近嘴的地方有一个很深的凹陷，叫作颊窝。有这种凹陷的蛇称为响尾蛇。颊窝通过神经与大脑相连，使这类蛇能够感觉到猎物（如鼠类）的体温。这种能力使得这类蛇可以在完全黑暗的环境中猎食。

美国最常见的蝰蛇是响尾蛇、水蝮蛇、铜斑蛇和巨蝮。大部分蝰蛇直接生出小蛇。

延伸阅读： 有毒动物；响尾蛇；蛇；水蝮蛇。

蝰蛇

昆虫

Insect

昆虫是一类具有六条腿的小型动物。世界上至少有100万种昆虫。蚂蚁、蜜蜂、甲虫、蝴蝶、蟑螂、蚱蜢和蚊子都是昆虫。

昆虫能够栖息于热带雨林，也能栖息于地球上最冷的地方，它们还栖息于高耸的山地和干燥的沙漠里。

有些人以为蜘蛛属于昆虫，但其实它们并不是。蜘蛛有八条腿，而昆虫有六条腿。蜘蛛的身体由两个主要部分组成，而昆虫的身体由三个部分组成。昆虫有翅膀和触角，其中有些种类的触角又长又细，而蜘蛛则没有翅膀和触角。诸如蜈蚣、马陆、球潮虫和蝎子也不是昆虫。

翅膀

胸部

触角

腹部

头部

腿

口器

昆虫是一类节肢动物。与所有的昆虫一样，蜜蜂的身体由头部、胸部和腹部所组成。它还具有三对分节的腿。

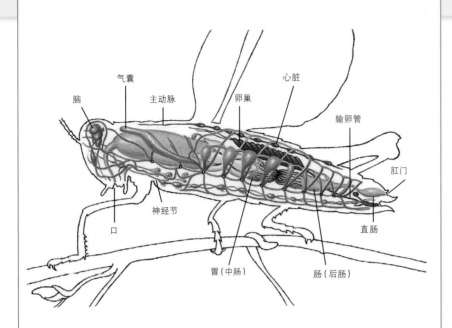

昆虫的内部解剖（雌性短角蝗）

■ 呼吸系统
■ 循环系统
■ 消化系统
■ 神经系统
■ 生殖系统

大多数昆虫的体长都不到6.4毫米。有些昆虫体型十分小，小到可以穿过最小的针眼，但是也有些昆虫体型要大得多，巨大花潜金龟的体长能超过10厘米，阿特拉斯蛾的翅膀展开能达到约25厘米。

昆虫的身体有三个主要部分，即头部、胸部和腹部。大多数昆虫成虫的身体外面有一层坚硬的外壳，叫作外骨骼。昆虫不具有脊椎或内部骨骼。

昆虫的身上具有赤橙黄绿青蓝紫等各种颜色。一些蝴蝶和蛾的翅膀上有明亮的斑点。昆虫的颜色有时能够帮助它们隐藏。例如，生活在地下的甲虫为黑色或褐色，有些蛾有与树皮一样的颜色。

昆虫之所以种类繁盛是因为它们能适应许多不同的环境。有些昆虫能够栖息于像南极这样的寒冷环境中，有些昆虫则栖息于最炎热的沙漠里。同时，昆虫也适应了许多不同的食物，有些昆虫几乎什么都吃，它们甚至会吃布、软木、扑面粉和浆糊。

昆虫也因为体型小而具有更大的存活概率。它们能藏在最小的角落，并且它们不需要吃很多东西。大多数昆虫有翅膀，能够飞行，因而能够更容易地找到食物并逃离危险。大多数雌性昆虫会产卵。

瓢虫以蚜虫为食，蚜虫是一种危害许多植物的害虫。捕食类昆虫因捕食有害的昆虫从而对人类有益。

许多昆虫对人类有益，称为益虫，蜜蜂、黄蜂和蝴蝶都是益虫。

它们会把花粉从一株植物传播到另一株植物。植物会用花粉制造种子，这会生长出更多的植物。

昆虫是各种动物的食物。有些人也会吃昆虫。例如，有些人会烤白蚁吃。

有些昆虫能够产生人们所需的材料。蜜蜂能制造蜂蜜和蜂蜡，蚕能生产用于服装的丝绸。

有些昆虫对人类有害。这些昆虫能毁坏农作物，一些飞蛾和甲虫会破坏衣服，还有一些昆虫会传播西尼罗河病毒和疟疾。

一只蝴蝶从花中吮吸花蜜。许多昆虫能帮花授粉。

延伸阅读： 触角；节肢动物；外骨骼；杀虫剂；幼体；变态发育；有害生物；蛹；翅膀。

昆虫的口器主要有两种。一种适合咀嚼，另一种适合吮吸。

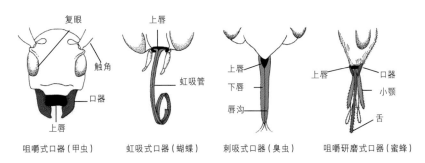

咀嚼式口器（甲虫）　　虹吸式口器（蝴蝶）　　刺吸式口器（臭虫）　　咀嚼研磨式口器（蜜蜂）

许多种类的昆虫都有适合于特殊功能的腿。

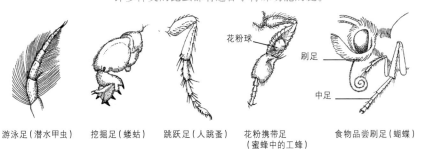

游泳足（潜水甲虫）　　挖掘足（蝼蛄）　　跳跃足（人跳蚤）　　花粉携带足（蜜蜂中的工蜂）　　食物品尝刷足（蝴蝶）

昆虫学

Entomology

　　昆虫学是一门研究昆虫的学科。研究昆虫的人被称为昆虫学家，这些科学家还会研究蝉、蜘蛛、蜈蚣以及其他与昆虫有关的动物。

　　昆虫学家会研究昆虫和相关动物的身体和行为。这些动物有数百万种之多。

　　许多昆虫学家会研究那些对人类有害的昆虫。例如，一些昆虫会破坏植物、农作物和房屋，另一些昆虫则会给人和动物传播疾病。昆虫学家总是尝试寻找控制有害昆虫的方法。

　　还有一些昆虫学家则研究对人类有益的昆虫。这些有益的昆虫可能会以害虫为食或者能够帮助植物生长。昆虫学家会寻找保护益虫和增加益虫数量的方法。

　　延伸阅读： 生物学；昆虫；有害生物。

蛞蝓

Slug

　　蛞蝓是一类软体动物，形似没有壳的蜗牛。有些蛞蝓的皮肤表面或皮下具有一个又小又平的壳。为了保护自己，蛞蝓会把自己包裹在味道难闻的黏液中。

　　蛞蝓的身体可能呈现白色、灰色、黄色或棕色。它们的长度为0.6~10厘米。大多数蛞蝓都具有顶端带有眼睛的触角。因为蛞蝓以植物为食，所以它们被认为是花园害虫。有些种类则会吃昆虫、蚯蚓、动物粪便、其他蛞蝓或真菌。蛞蝓暴露在阳光下会被晒干，白天它们通常待在地下或潮湿的地方。

　　延伸阅读： 软体动物；螺类和蜗牛。

因为一些蛞蝓会以植物为食，所以它们被认为是花园害虫。

L

拉布拉多寻回犬

Labrador retriever

拉布拉多寻回犬是一个很受欢迎的犬种。许多拉布拉多寻回犬被训练后能够带回猎人射杀的猎物。它们的名字来源于加拿大的拉布拉多半岛，不过，这个犬种其实最初来自纽芬兰岛附近的岛屿。拉布拉多寻回犬具有两个突出的特点：它们的毛皮厚实而防水，它们的体色通常为黑色，但也可能为黄色、巧克力色或米白色；它们的尾巴很短，并且基部特别粗壮。

拉布拉多寻回犬是一种猎犬，它们很擅长游泳。猎人们会训练拉布拉多寻回犬去找回被射落到水上的鸭子。

延伸阅读：狗；金毛寻回犬；哺乳动物。

腊肠犬

Dachshund

腊肠犬是一个以其长而低的身体和短腿而闻名的犬种。这个品种起源于德国，在那里腊肠犬被训练用于捕猎獾。

腊肠犬具有狭窄的头部和下垂的长耳朵。它们的前腿有一点弯曲。它们闪亮的毛皮通常是黑色或棕褐色的，但也可能是红色、黄色、灰色、斑点色或条纹状。许多腊肠犬有短而光滑的毛，还有一些则具有长而柔滑的毛，或者有些也会长有一身结实而粗糙的毛皮。腊肠犬是很有价值的看门狗和很不错的宠物。

腊肠犬又长又矮的身体和短腿，使得它们更容易在洞穴里捕捉獾。

延伸阅读：阿富汗猎犬；獾；巴塞特猎犬。

蓝光萤火虫

Glowworm

　　蓝光萤火虫是一类发光的昆虫。当这类昆虫还是幼虫的时候，它们看起来与那些能飞行的昆虫很不一样，反而就像一个会发光的小蠕虫。蓝光萤火虫分布于澳大利亚和新西兰。

　　许多蓝光萤火虫栖息于潮湿的洞穴中，并会悬挂在洞顶。蓝光萤火虫会发出蓝绿色的光，这些光能够将它们喜食的小昆虫吸引过来。蓝光萤火虫会抛下一根黏黏的细丝线，昆虫碰到这种细丝就会被粘住，蓝光萤火虫随即就会把这些昆虫拖上来吃掉。

　　有蓝光萤火虫栖息的洞穴吸引了众多前往澳大利亚和新西兰的游客，这些洞穴的洞顶就像是布满星星的夜空。

　　延伸阅读： 生物发光；苍蝇；昆虫。

蓝环章鱼

Blue-ringed octopus

蓝环章鱼是一种有毒的海洋动物，它们在啃咬时会分泌致命的毒液。

　　蓝环章鱼是一种危险的海洋动物。这种章鱼只有被人激怒时才会咬人，被它们咬到通常无痛，但啃咬时分泌的毒液却是致命的。被咬者最初的反应是麻木，然后便是恶心和视线模糊，最终瘫痪和停止呼吸。

　　蓝环章鱼受到威胁时，身体和触手上会出现蓝色的环状纹路，这正是它们的辨识标志。和所有的章鱼一样，它们具有三颗心脏和蓝色的血液。它们的体型大小与高尔夫球近似，具有一个像鹦鹉喙一般的嘴，以蟹等其他海洋动物为食。它们分布于从澳大利亚到日本的浅礁和潮汐池中。

　　延伸阅读： 章鱼；软体动物；有毒动物。

蓝鲸

Blue whale

蓝鲸是巨大的海洋动物。它们是地球上现存最大的动物，体长可以达到30米，体重可以超过136吨。

蓝鲸的皮肤上有蓝白色的斑点。它们会使用鳍肢和大而有力的尾巴游泳。蓝鲸属于哺乳动物，它们有肺，必须上浮到海面呼吸，而幼崽同样也是依靠母亲的乳汁生存。

蓝鲸没有牙齿，取而代之的是数百片被称为鲸须的薄片。进食时，蓝鲸会摄入大量的海水，其中含有众多体型微小的磷虾。当鲸把海水吐出口腔时，鲸须可以挡住磷虾。一只蓝鲸一天大约能够吃掉4000万只磷虾。

20世纪20年代中期，人类几乎杀死了所有的蓝鲸。此后随着保护蓝鲸的法律的颁布，它们的种群数量因此开始恢复。科学家估计，现存的蓝鲸数量约为10000~25000只，这与它们曾经的数量相比仍然少得多。蓝鲸其实仍然面临着灭绝的危险。

延伸阅读：鲸豚类动物；磷虾；哺乳动物；鲸。

蓝鲸

蓝鸲

Bluebird

蓝鸲是北美洲的一类鸣禽。它们的体长约15~18厘米，具有黑色喙和腿。

东蓝鸲有深蓝色的头部、背部、尾部和翅膀，雌鸟比雄鸟的颜色更淡一些。西蓝鸲则有蓝色的喉部和棕色的上背部。山蓝鸲的雄性羽色呈现天蓝色，雌性则偏褐色。

蓝鸲以昆虫为食，但在冬季也会取食浆果。它们栖息于开阔的森林和草原上。雌鸟会自己筑巢并产下3~7枚卵。雌鸟负责照料幼鸟，而雄鸟则负责将食物带回巢中。当幼鸟长大一些后，父母双方都会给它喂食。

每年秋季，蓝鸲都会飞到更温暖的区域越冬。大多数蓝鸲的寿命只有1~2年。

延伸阅读：鸟；鸫。

曾经十分常见的东蓝鸲在20世纪60年代濒临灭绝。在自然保护主义者的救助下，它们的数量正在恢复。

蓝蟹

Blue crab

蓝蟹是一类分布于美国大西洋沿岸的小型海洋动物。这类蟹身披绿褐色的壳，约15厘米宽，7.5厘米长。它们的腿和身体都呈蓝色，腿和爪的尖端呈红色。与其他蟹一样，蓝蟹属于甲壳动物，具有壳和分节的腿，缺乏内骨骼。

许多人喜欢吃蓝蟹。蟹的生长过程中必须不断蜕壳。蜕掉旧的壳后，新长出的壳需要一定时间来硬化，这个阶段的蟹被称为软壳蟹。包括软壳在内的整个软壳蟹都可以煮熟食用。

延伸阅读： 蟹；甲壳动物；壳。

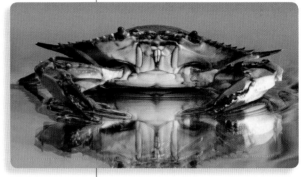

蓝蟹

懒熊

Sloth bear

懒熊是一种脖子和肩膀上长有鬃毛的大型动物。蜂蜜是它们最喜欢的食物之一。懒熊栖息于印度和斯里兰卡的岩石峡谷和山上。当近距离接近它们时，懒熊也可能极具危险。

懒熊的体长约为1.5米，体重可达113千克。它们有蓬松的黑色皮毛，胸部则有浅褐色的U字型、V字型或Y字型斑纹。懒熊的鼻子为灰色，上面几乎没有毛。

懒熊通常以白蚁和蜜蜂的幼虫为食，也会吃花、树叶、水果和谷物。它们会爬到任何可以找到白蚁或蜜蜂巢穴的地方。它们会用大脚和长长的爪子撕开白蚁的巢穴、挂着蜂巢的树干和树枝。懒熊的嘴唇、舌头和牙齿都与它们的取食习性十分适合。懒熊有长长的鼻子、柔软的嘴唇和一条又长又黏的舌头。懒熊上下颌的两颗门齿都已缺失。懒熊会通过这个缺口吸吮食物，同时会发出很大的吸吮声。

懒熊在夜间觅食。白天它们通常会睡在河边的洞穴这样安全的地方。大多数雌性懒熊一次只生一两只幼崽。幼崽经

蜂蜜是懒熊最喜欢的食物之一。

常骑在妈妈的背上，即使在妈妈爬树的时候也是如此。

延伸阅读：熊；哺乳动物。

狼

Wolf

狼是一种与狗具有密切亲缘关系的大型食肉动物。狼看起来很像德国牧羊犬，但狼具有更长的腿、更大的脚、更宽的头和更浓密的尾巴。大多数成年公狼的体重为34~54千克，体长为2米。母狼的体型较小。

由于狼的视觉、听觉和嗅觉都很好，所以它们是很好的猎手。狼可以看到和嗅闻到1.6千米以外的鹿。狼几乎能够取食任何它们能抓到的动物，包括像北美驯鹿和驼鹿这样的大型动物。狼集群生活和狩猎。大多数群体约有8只狼，但有些有20多只。狼有时会持续搜寻猎物长达数小时，直到它们找到猎物。狼可以在任何时候捕猎，但它们更倾向于在黑暗中或昏暗的光线下捕猎。

狼群的领地意识很强。具有领地意识的动物会保护特定的区域不让入侵者侵犯。例如，狼群不能容忍陌生的狼进入它们的领地。狼群也会杀死郊狼（一种与狼相似的犬科动物）。狼会用尿液标记自己的领地。它们还会大声嚎叫，警告其他狼不要靠近。

狼分布于亚洲、欧洲和北美洲。尽管它们很少出没在沙漠或热带森林中，但它们几乎可以在任何类型的区域栖息。狼在北方森林中最为常见。

母狼会在隐蔽的巢穴产崽，每胎会有1~11只幼崽。小狼崽会在两个月大的时候永久离开巢穴。

虽然狼很少接近人类，但有些人很害怕狼。狼能杀死牛和羊这样的牲畜。因此，农民和牧场主也杀死了许多狼。狼曾经广泛分布于美国大部分地区，但由于人们的猎杀，只有一小部分地区还有狼的分布。科学家正试图在一些野外地区恢复狼的种群。在一些地区，狼是受到法律保护的。

延伸阅读：食肉动物；狗；哺乳动物。

狼獾

Wolverine

狼獾是一种长得像小熊一样的毛茸茸的动物，分布于亚洲、欧洲和北美洲的北部森林和平原地带。

成年狼獾的体长可达110厘米，体重可达25千克。它们有沉重的身体和短短的腿。狼獾长长的毛皮呈深褐色至黑色，身体两侧还具有一圈浅色的毛。

狼獾在夏季主要以中小型哺乳动物、鸟类和植物为食。到了冬季，它们则会捕猎驯鹿。狼獾十分强壮。它们可以跳到大猎物的背上，抓住猎物直到将其杀死。狼獾会把猎物的尸体撕开藏起来，以便它们之后能回来继续进食。

如今狼獾的种群数量已经很少，人们曾经猎杀它们以获取毛皮。

延伸阅读： 食肉动物；哺乳动物。

狼獾分布于北美洲、北欧和亚洲。它们是同体型动物中最为强壮有力的。

狼蛛

Tarantula

狼蛛是一类多毛的大型蜘蛛，分布于世界上的温暖区域，包括美国南部和西部、南美洲和澳大利亚的部分地区。体型最大的狼蛛栖息在南美洲的雨林中。当它们的腿全部伸出时，长度能够超过25厘米。有些种类的狼蛛寿命超过20年。

许多种类的狼蛛会挖洞筑巢，有些种类的狼蛛则在树上生活。

狼蛛以昆虫和其他小型动物为食。一些南美洲和澳大利亚的狼蛛咬人很疼，但是大多数狼蛛的咬伤对人而言并不危险。

延伸阅读： 蜘蛛。

狼蛛有八条腿和两个须肢。须肢是一种类似腿的身体结构，它们构成了狼蛛嘴部的两侧。

肋突螈

Newt

肋突螈是对一类蝾螈的通称。与其他蝾螈一样，肋突螈具有修长的身体，皮肤则又薄又湿。由于它们的皮肤对其他动物有毒，所以可以避免被捕食。肋突螈具有四条腿，但是它们的腿又短又柔弱。它们以昆虫、蠕虫和软体动物（贝类）为食。

肋突螈属于两栖动物。和大多数两栖动物一样，肋突螈的整个生活史中有一部分在水里，一部分在陆地上。每年春天，雌性肋突螈会在水下的植物叶子上产卵。3～5周后，一只小肋突螈便会从卵中孵化出来。小肋突螈能够在水下呼吸。当它们成熟后，会长出肺，随后便可以在陆地上行走。它们的体色呈亮橙色，用于警告其他动物它们的皮肤有毒。成年肋突螈也能回到水中生活和呼吸。

红点蝾螈是美国著名的肋突螈种类，体长约为10厘米。

延伸阅读：两栖动物；蝾螈。

肋突螈

鹂

Oriole

鹂是一类色彩斑斓的鸣禽。在北美洲和南美洲，鹂通常指拟鹂。而在欧洲，鹂通常指黄鹂。这两类鸟的外观相似，但亲缘关系并不紧密。

大多数拟鹂分布于北美洲和南美洲的热带地区。在牙买加，拟鹂被称为香蕉鸟。在加拿大南部和美国，有三种拟鹂在夏季很常见，分别是橙腹拟鹂、布氏拟鹂和圃拟鹂。除此之外，还有多种拟鹂也分布于美国。

鹂具有美丽的羽毛和悦耳的叫声。它们会制作悬挂的巢，并捕食害虫，从而对农业有益。

延伸阅读：鸟。

鹂是一类具有鲜艳羽毛和悦耳叫声的鸣禽。

鲤鱼

Carp

鲤鱼是一类耐寒的淡水鱼类。它们通常栖息于湖泊或流速缓慢的溪流中，以湖泊或溪流底部的昆虫和植物为食。世界上现存的鲤鱼有许多种。

鲤鱼背部偏绿色，身体侧面颜色较浅，鱼鳍呈现灰绿色、棕色或者红色。这类鱼通常能长到30～76厘米，体重为0.9～4.5千克，也有些个体能够长到27千克。

鲤鱼起源于亚洲和欧洲，这些地区的人们会食用鲤鱼。它们于19世纪70年代被带到美国，许多美国人认为鲤鱼令人讨厌。当鲤鱼挖掘泥巴中的食物时，会把水搅浑，同时，它们还对本地鱼类的生存造成威胁。

　　延伸阅读： 亚洲鲤鱼；鱼；金鱼；米诺鱼。

鲤鱼是一类原产于欧洲和亚洲的淡水鱼类，现已被引入世界各地。

梁龙

Diplodocus

梁龙是一种大型植食恐龙，它有一个长长的脖子和一条更长的尾巴。这种恐龙大约生活在距今1.5亿年前的美国西部。梁龙约有27米长，它很可能会用自己的长脖子取食大树的叶子。梁龙的体重约为10吨，但是它可能仍能用后腿站立，用尾巴保持平衡。梁龙的尾巴有14米长，它可能会像挥动巨大的鞭子一样摆动尾巴击退攻击者。

　　延伸阅读： 恐龙；古生物学；史前动物；爬行动物。

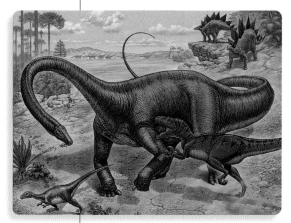

梁龙

椋鸟

Starling

椋鸟是一类鸣禽，具有尖尖的翅膀、短尾和锋利的喙。最著名的椋鸟是紫翅椋鸟。

紫翅椋鸟原产于欧洲和亚洲。但是在19世纪90年代，大约100只紫翅椋鸟在纽约市被放生。如今有数百万只椋鸟栖息在美国和加拿大南部。紫翅椋鸟的体长约为20~22厘米，羽毛呈黑色，上面具有紫绿色光泽。

紫翅椋鸟会在中空的树、人工鸟巢或悬崖上的洞中筑巢。椋鸟捕食害虫，所以对农民有益。不过在水果成熟的季节，它们也可能因为取食水果等作物而造成危害。

延伸阅读：鸟。

紫翅椋鸟具有黑色的羽毛，上面有一种淡紫的光泽。它们有时会在中空的树上筑巢。

两栖动物

Amphibian

两栖动物是在水陆环境都能生存的动物类型。世界上现存的两栖动物有数千种。它们属于脊椎动物。

科学家把两栖动物分成三类。一类由蛙和蟾蜍组成。蛙和蟾蜍具有四肢，没有尾巴。它们会用自己长长的后腿跳跃行进。第二类是蝾螈。蝾螈具有长长的尾巴，大多数有四条短而柔弱的腿。第三类则由蚓螈组成。蚓螈没有腿，看起来有点像大蚯蚓。

大多数两栖动物是从水中的卵孵化出来的。它们的幼体通常生活在水中，称为蝌蚪。蝌蚪在某些方面与鱼很像。这些幼体必须改变自己的身体形态，转变为成体，这种变化的过程叫作变态发育。两栖动物的成体看起来和幼体很不一样。有些两栖动物的成体会继续生活在水中，但大多数种类的成体会在陆地上生活。

蝾螈属于两栖动物。

大多数两栖动物的体长不超过15厘米，体重不到60克。世界上最小的蛙类比人的拇指甲还小。最大的两栖动物则是中国大鲵，它们的体长可达1.8米。

大多数两栖动物栖息于池塘、湖泊或溪流附近。除南极洲外，其他大洲都有两栖动物分布。两栖动物属于变温动物，体温会随其周围环境温度的变化而变化。大多数两栖动物以昆虫为食。

延伸阅读： 蚓螈；变温动物；蛙；蝾螈；蟾蜍。

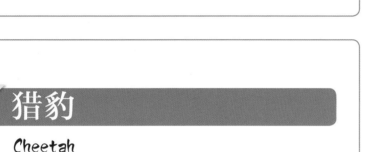

蛙和蟾蜍是两栖动物的一个类群。

猎豹

Cheetah

猎豹是野生的大型猫科动物，它们主要生活在非洲草原。猎豹是陆地上短距离奔跑速度最快的动物，时速能达到80～100千米。猎豹毛皮呈现棕黄色，上面有黑色的实心斑点。它们有细长的身体和长长的腿。成年猎豹的肩高可达90厘米，包括尾巴在内的体长为2.1米，体重可达60千克。

猎豹通常白天捕猎，追捕羚羊和其他敏捷的动物。除了养育幼崽的雌性，猎豹都选择独居生活。雌性通常一次产3～5只幼崽。

猎豹正面临着灭绝的危险，人们曾经为了狩猎或者毛皮捕杀它们。在猎豹分布的大多数国家，它们都受到法律保护。

延伸阅读： 猫；濒危物种；哺乳动物。

猎豹

鬣狗

Hyena

鬣狗是一类以奇怪的嚎叫而闻名的动物。它们的叫声听起来就像是一个人在笑。鬣狗分布于非洲和亚洲的部分地区。最常见的鬣狗是斑鬣狗，也被称为笑鬣狗，它们的毛皮呈现棕黄色，上面有黑色的斑点。其他种类的鬣狗体色为棕色或灰色，身上有黑色条纹。

鬣狗会集群捕猎，它们的许多猎物是强壮的奔跑者。它们强有力的颚部和强壮的牙齿甚至可以咬碎和吃掉大骨头。鬣狗也会以动物尸体为食。鬣狗中的一个种类——土狼，只有较弱的颚部和小小的牙齿，它们的主食是白蚁和其他昆虫。

延伸阅读： 食肉动物；哺乳动物。

缟鬣狗分布于北非和从土耳其到印度的亚洲部分地区。它们的体型比斑鬣狗小，毛皮呈灰色，在身上和腿部还有狭窄的黑色条纹。缟鬣狗有尖尖的耳朵。

鬣蜥

Iguana

鬣蜥是一类大型蜥蜴。大多数鬣蜥栖息于沙漠或其他干旱地区，也有一些栖息于潮湿的热带地区。所有的鬣蜥都是白天活动，夜晚睡觉。

鬣蜥以浆果、花和树叶为食，而其他大多数蜥蜴则以昆虫和其他小型动物为食。对于蜥蜴而言，植物很难消化，但鬣蜥能消化植物，因为它们的消化系统中含有一些能够分解植物的细菌。

雌性鬣蜥会产卵。它们可能会行进3.2千米去寻找合适的地方筑巢。有些鬣蜥能活到30岁。

世界上现存好几种不同种类的鬣蜥。绿鬣蜥可以长到1.8米长，海鬣蜥和陆鬣蜥分布于厄瓜多尔海岸附近的加拉帕戈斯群岛上。海鬣蜥是唯一一种大部分时间生活在海里的蜥蜴。

延伸阅读： 蜥蜴；爬行动物。

鬣蜥

林鼬和黑足鼬

Ferret

雪貂

林鼬和黑足鼬具有瘦长的身形和短小的腿，如果受到惊吓，它们会从尾巴下面释放出一种具有强烈气味的液体。

林鼬被驯养作为宠物后，俗称雪貂。它们的体色几乎为白色或黑色，不过大多数个体的体色整体仍呈现浅色，并有深色的脚和尾巴。它们的眼睛周围还有黑色的毛。

黑足鼬比林鼬的体型小。它们有暗黄色的毛皮、黑色的脚和尾尖，并且眼周也有黑毛环绕。

黑足鼬曾经广泛生存于北美大平原上。它们以草原犬鼠为食，但是牧场主认为草原犬鼠是害兽，进而杀死了大部分草原犬鼠，结果导致了许多黑足鼬的死亡。疾病和农场的扩大也同样伤害着黑足鼬。如今，黑足鼬受到法律的保护，但它们还存在完全灭绝的危险。

延伸阅读： 濒危物种；哺乳动物；草原犬鼠；鼬。

磷虾

磷虾

Krill

磷虾是一类小型海洋动物，它们与虾看起来很像。磷虾在全世界的海洋中都有大量分布。

磷虾属于甲壳动物，有外壳和分节的足。磷虾的体长从1~15厘米不等。

磷虾是浮游生物的重要组成部分。浮游生物是随波逐流的微小生物。许多海洋动物以浮游生物为食。许多种类的鱼、海豹和乌贼以磷虾为食，蓝鲸、长须鲸和大翅鲸会取食大量的磷虾，一只蓝鲸一天可以吃掉4000万只磷虾。

磷虾的幼体是从卵中孵化出来的。幼体在生长过程中外壳会脱落，这一过程称为蜕壳，磷虾幼体在成年前会蜕10次壳。

一些特种船舶捕获了大量的磷虾，这些磷虾大部分被用作鱼饵或养鱼场的饲料。磷虾也被用作食品添加剂和膳食补充剂。当磷虾去壳后，也可以作为人类的食物。磷虾是一种富含蛋白质的食物。一些科学家担心大量捕捉磷虾会威胁到鲸类和其他动物的食物供应。

延伸阅读： 甲壳动物；幼体；海洋动物；浮游生物；鲸。

伶盗龙

Velociraptor

伶盗龙是一种肉食性恐龙，生活在距今8000万年前，栖息于现在的蒙古和中国北部。伶盗龙的体高为0.9米，从鼻部到尾部全长约为1.8米。它们具有锋利的牙齿、强有力的腿和两个巨大的趾爪。伶盗龙的奔跑速度很快。它们会利用自己的速度捕捉其他恐龙，然后用巨大的趾爪杀死它们。

化石表明伶盗龙的身上覆盖着羽毛。从某种角度而言，伶盗龙可能有点像一只奇怪而凶猛的鸟。

1971年，科学家在蒙古的戈壁沙漠发现了一具有趣的伶盗龙骨骼化石。该化石保存了一只伶盗龙与另一只恐龙搏斗的场景。它们可能是在沙尘暴中一起被活埋的。

延伸阅读：恐龙；古生物学；史前动物；爬行动物。

伶盗龙能够快速追击自己的猎物，例如较小的恐龙和哺乳动物。

灵猫

Civet

灵猫是一类毛茸茸的动物，看起来就像是又长又瘦的猫，但是灵猫的鼻子更尖，尾巴更为毛茸茸，而且腿比猫更短。灵猫分布于亚洲和非洲的部分地区。

灵猫的体色可能为黑色、棕色、灰色或褐色，大多数种类的灵猫都有黑斑，它们的尾部也有深浅相间的环。灵猫的体长约33～97厘米。它们强壮的尾巴几乎与身体一样长。在攀爬时，它们会用尾巴抓住树枝。灵猫会捕猎许多小型动物，并且多数情况下会在夜间进行捕食。

灵猫也会取食水果等植物性食物。

延伸阅读：猫；哺乳动物。

灵猫

灵长类动物

Primate

　　灵长类动物是一类由猿、狐猴、猴子、人类等动物组成的哺乳动物类群。世界上现存的灵长类动物有很多种，它们的体重从30克到180千克不等。

　　所有灵长类动物都具有一些共同特征。科学家认为，这些特征与灵长类动物在树上的生存能力有关。能够进行抓握的手使它们能够抓住树枝，并在树枝间轻松移动。大多数灵长类动物也能用脚抓握东西。一些灵长类动物甚至能够把尾巴当作额外的一只手使用。灵长类动物的眼睛是朝前的，这赋予了它们良好的视力。大多数灵长类动物会更多地使用自己的视觉，而不是听觉或嗅觉。

　　大多数灵长类动物都具有大而复杂的大脑。许多灵长类动物生活在庞大的社会群体中。灵长类动物的幼崽通常需要很长时间才能成年。幼崽会从成年个体身上学习很多知识，包括如何取食和保护自己。

　　灵长类动物主要生活在热带地区。它们在非洲、亚洲、中美洲和南美洲都有分布。

人类学家加尔迪卡斯（Biruté Galdikas）是世界上最权威的灵长类专家之一。她的研究帮助人们确定了猩猩与其他猿类（例如黑猩猩）之间的不同之处，在于猩猩独居而非群居。同时，加尔迪卡斯还致力于保护猩猩和它们所在的雨林栖息地。

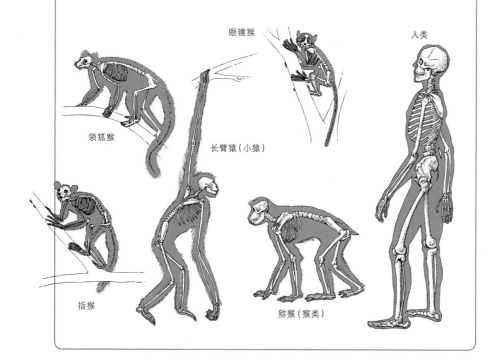

眼镜猴

人类

领狐猴

长臂猿（小猿）

指猴

猕猴（猴类）

一些灵长类动物的骨骼。虽然灵长类动物的种类很多，但大多数都具有相似的身体结构。

　　研究非人灵长类动物的科学家称为灵长类动物学家。经过这些科学家多年来的研究，我们已经获得了许多关于灵长类动物的知识。在野外研究黑猩猩的古道尔是最著名的灵长类动物学家之一。她发现黑猩猩能够制造和使用简单的工具，同时她还有许多其他发现。此外，科学家还可以通过研究动物园里的灵长类动物来了解它们的行为。

　　许多灵长类动物在野外濒临灭绝，包括狐猴和猴类中的许多种类。此外，所有的大猿（黑猩猩、倭黑猩猩、大猩猩和猩猩）都濒临灭绝，它们受到森林被破坏、非法狩猎和其他人类活动的威胁。

　　延伸阅读： 猿；指猴；濒危物种；弗西；婴猴；古道尔；狐猴；猴。

侏儒鼠狐猴是世界上最小的灵长类动物，体重只有约30克，体长约为20厘米。

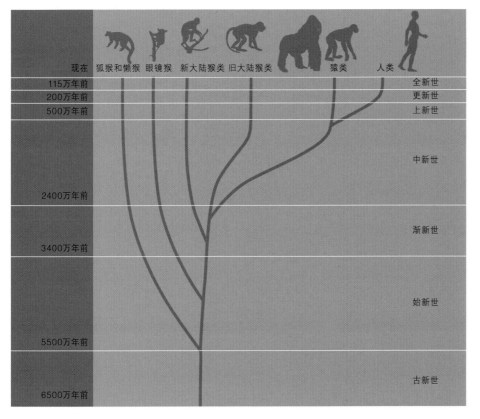

科学家使用这个"演化树"来解释不同灵长类群体之间可能存在的亲缘关系。

树中的绿色"树枝"显示了每一个群体存在的时间。例如，猴类和猿类从渐新世就已经存在，这一时期从3400万年前持续到2400万年前。演化树基部的主干代表了所有灵长类动物可能的共同祖先，也即是与所有灵长类动物都具有亲缘关系的一个早期物种。

羚羊

Antelope

羚羊是一类具有蹄和洞角的动物。羚羊有很多种，也有很多不同的体型。犬羚的体型不比猫大多少，大羚羊的体型则和奶牛差不多。

许多种类的羚羊雄雌都有角。不同种类的羚羊拥有不同形状的角，有些是短而直的，另一些则是长而弯曲的，或者是扭曲的。

羚羊分布于非洲和亚洲。有些羚羊栖息于森林或山地，也有许多羚羊栖息于干燥的非洲草原上。

面对攻击者时，少数羚羊会进行自卫，如角马，但是大多数羚羊都采取逃跑的方式。瞪羚和印度黑羚是世界上跑得最快的动物之一。

延伸阅读：瞪羚；角马；蹄；洞角；黑斑羚；哺乳动物；叉角羚。

羚羊

领航鲸

Pilot whale

领航鲸是一类大型海豚，体长可达4~6米，体重可达0.75~2.5吨。世界上的领航鲸有两种。

领航鲸整体体色为黑色，腹部有一条白色的条纹。头部有一个由脂肪组织组成的瓜状器官，能发出响亮的声音。这些声音能够帮助它们定位水中的物体。领航鲸会集群游动。大量的领航鲸有时会自己搁浅在海滩上，科学家也不确定究竟是什么原因导致了这种行为的出现。

延伸阅读：鲸豚类动物；海豚；虎鲸；哺乳动物。

领航鲸是一类大型海豚，体长可达4~6米。

六月虫

Junebug

六月虫是一种棕色的大型甲虫，有时也被称为六月甲虫或五月甲虫。每年5月和6月它们在美国很常见。六月虫在夜间很活跃，它们会被光吸引。

六月虫以乔灌木的嫩叶为食，它们在花园和田野的地面产卵。

六月虫的幼虫是一种头部为褐色的大型白色蛴螬，它们会在秋天通过挖掘进入土壤，在土壤中待两年或更长的时间。这些幼虫以玉米、谷物、草和蔬菜的根为食，它们会在五六月间以成虫的形式出现。

延伸阅读：甲虫；昆虫。

六月虫

龙虾

Lobster

龙虾是生活在海底的甲壳动物，有很多种类。龙虾的身体由头部、中间节和尾部组成，它们还有五对足。有些龙虾的前足上有坚硬的螯，它们会用这些螯杀死其他动物，并把捕获的猎物撕扯开。龙虾以蛤蜊、蟹、螺类、小鱼以及其他龙虾为食，许多龙虾也会以动物尸体为食。

雌性龙虾一次会产下数千枚卵，这些卵会黏附在它身上直到孵化。随着龙虾的成长，它们会蜕壳。它们会在旧的外壳下形成一个新的、柔软的外壳，随后它们的旧壳会被劈开并被剥离，这时的龙虾会躲起来直到新壳变硬。人类会取食一些种类的龙虾。人们在大西洋和太平洋捕捉龙虾。

延伸阅读：淡水螯虾；甲壳动物；壳；虾。

雌性美国龙虾的腹面图

游泳足　步足　螯　卵　口　步足　螯

鲈鱼

Bass

鲈鱼是一类以上钩后的反抗技巧闻名的鱼类。许多人喜欢吃鲈鱼。世界上的鲈鱼主要有两类，分别是黑鲈类和真鲈类。

黑鲈又分好几种。它们的身体狭长，呈现偏黄或偏绿色，背部具有两个背鳍。这类鲈鱼生存在湖泊、河流和其他淡水环境中。

真鲈类又分两种类型，包括温带鲈鱼和海鲈鱼。温带鲈鱼的身体呈现银色，背部有两个背鳍。有些温带鲈鱼属于淡水鲈鱼，但是其他种类都生活在海洋中。海鲈鱼的背部则只有一个背鳍，其中的许多种类身上都有斑点。海鲈鱼只生活在海洋中。

延伸阅读：鱼。

大口黑鲈

小口黑鲈

陆龟

Tortoise

陆龟是一类只生活在陆地上的爬行动物，具有粗短的腿和脚趾。大多数陆龟都具有一个高高的圆顶壳。它们行动缓慢，但受到攻击时，它们会将头部、脚和尾缩进壳内。

许多种类的陆龟生活在炎热干燥的地区，有些种类的陆龟则生活在南美洲的热带雨林中。

加拉帕戈斯陆龟是体型最大的陆龟之一，分布于太平洋的加拉帕戈斯群岛，体长可达1.2米。非洲斑点龟是体型最小的陆龟之一，只有10厘米长。

陆龟可以活很长时间。有些动物园里的陆龟已经活了100多年。有好几种陆龟已经十分稀有，它们受到非法狩猎和环境破坏的威胁。

延伸阅读：爬行动物；龟。

沙漠陆龟生活在美国西南部炎热干燥的环境中。

鹿

Deer

鹿是一类有角的有蹄动物。它们是唯一有实角的动物类群。在大多数种类的鹿中，只有雄鹿才有鹿角。鹿角不同于牛角，牛角是一种强壮、坚硬的角质层，其核心是骨质，而鹿角则是鹿头上围绕在大脑周围实施保护作用的头盖骨的一部分。

鹿是世界上最常见的大型野生动物之一，它们跑得又快又优雅。世界上现存的鹿有30多种，包括美洲驼鹿、北美驯鹿、欧亚驯鹿和欧亚驼鹿。大多数种类的鹿栖息于具有季节性气候的地区，如亚洲、欧洲、北美洲和南美洲。鹿也被人类带到了并非它们自然分布的地区，包括澳大利亚、夏威夷、新几内亚和新西兰。

人类用鹿皮做衣服、用鹿肉做食物已经有几千年的历史了。如今，仍然有许多人继续为了狩猎运动和食物而猎鹿。

在世界上的一些地区，鹿已经造成危害。因为人们杀死了诸如狼这样通常以鹿作为食物的动物，从而使鹿的种群数量增长过大。鹿会破坏农作物和其他植物，会携带传播疾病的蜱虫，此外，鹿还会经常引起车祸。在许多地区，人类的狩猎活动有助于控制鹿的数量。

有些种类的鹿濒临灭绝，包括哥伦比亚白尾鹿、梅花鹿、南美泽鹿和几种亚洲的鹿类。它们主要受到非法狩猎和森林破坏的威胁。

延伸阅读：鹿角；北美驯鹿；欧亚驼鹿和美洲马鹿；哺乳动物；驼鹿；黑尾鹿；驯鹿。

雄鹿在长新的鹿角时，鹿角上会覆盖着一层鹿茸，在随后的生长过程中，雄鹿会把形成鹿茸的毛皮磨掉。雄性和雌性白尾鹿在外貌上的区别主要在于雄性有鹿角而雌性没有。

鹿生活在除南极洲以外的每一个大陆上。花鹿分布于亚洲，黑尾鹿分布于北美洲，普度鹿分布于南美洲，马鹿分布于非洲、亚洲、欧洲和北美洲。

花鹿　黑尾鹿　普度鹿　马鹿

鹿角

Antler

鹿角是长在鹿及其亲缘物种头部的骨质生长物，又称实角。典型的鹿类动物以及美洲驼鹿、欧洲驼鹿和驯鹿都长有鹿角。鹿角有分支，分支末端尖锐。雄鹿主要用鹿角与其他雄鹿搏斗。大多数种类的雌鹿并不长角。

鹿角是由骨头组成的。幼鹿有小鹿角，但鹿角每年都会变大。鹿角生长时，鹿角上覆盖着一层薄薄的皮肤，称为鹿茸。当鹿角在一年中的特定时段停止生长时，鹿就会把鹿茸磨掉。

生活在寒冷地区的鹿每年冬天都会脱落鹿角，随后在春天长出新的鹿角。在温暖地区，鹿可能会在一年中的其他时间脱落和长出鹿角。

延伸阅读： 北美驯鹿；鹿；欧亚驼鹿和美洲马鹿；洞角；驼鹿。

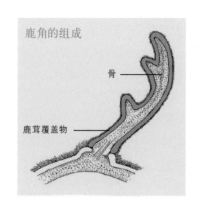

鹿角的组成

骨

鹿茸覆盖物

一级分支
一岁半

二级分支
两岁半

三级分支
四岁半

四级分支
十五岁半

鹿角每年都会生长，每次都会比原来生出更多的分支。

鹿蜱

Deer tick

鹿蜱是一类以鹿和其他动物的血液为食的微小吸血动物，它们还会吸人的血。鹿蜱的叮咬会传播一种叫作莱姆病的危险疾病，莱姆病能够引发关节炎、心脏病和其他严重的健康问题。

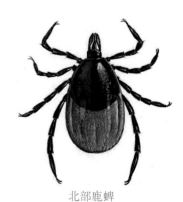

北部鹿蜱

许多人认为鹿蜱是昆虫，但是鹿蜱有八条腿，昆虫有六条腿。鹿蜱属于蛛形动物，它们与蜘蛛具有亲缘关系。

鹿蜱是莱姆病的主要传播媒介，它们分布于美国和加拿大。在森林地区，人们可以通过穿靴子和长裤来防止鹿蜱的叮咬。

延伸阅读：蛛形动物；蜱虫。

这种小小的鹿蜱会传播莱姆病。

鹭

Heron

鹭是一类鸟的通称。它们喜欢在浅水中行走，所以被称为涉禽。鹭喜欢栖息于沼泽湿地环境。广义的鹭有几十种，其中包括鹭类和鸦类。

鹭是一类身形优雅的鸟类，它们长长的尖喙似乎一直延伸到了眼睛的位置。大多数鹭有窄窄的头部、细长的颈部和长棍状的腿。有些鹭的喉部和身体上长有很长的羽毛。鹭分布于除南极以外的所有大陆上。

飞行时，鹭会把长腿向后伸直，把头缩在两肩之间。鹭通常集群筑巢，但独自觅食。

在捕猎时，鹭会用它们的喙捕捉食物，有时直接用喙刺戳食物。它们以鱼类、蛙类和其他小型动物为食。

延伸阅读：鸟；鸦；鹤；白鹭。

鹭是一类优雅的水鸟。

驴

Donkey

驴是一种具有长耳朵的，与马有亲缘关系的动物。它是野生的非洲野驴驯化后的后裔，几千年前人类就驯化了非洲野驴。驴在南亚、南欧和北非最为常见。

驴主要用于乘骑、搬运重物、牵引车辆。但如果操作方法不好，它们也会变得倔强而拒绝工作。

驴有不同的大小和颜色。它们的肩高通常为1.2米。许多驴的毛是灰色的，背上会有一条黑线，有些驴的毛呈棕色、黑色或白色。

骡是母马和公驴所生的动物。人们也把骡用作使役动物。

延伸阅读：马；哺乳动物；骡。

驴是一种与马有亲缘关系的具有长耳朵的动物。

旅鸫

Robin

旅鸫也叫美洲知更鸟，是著名的鸣禽，分布于北美洲。旅鸫的体长约为23~28厘米。雄鸟的胸部呈红色，背部则为棕灰色，头部和尾部为黑色。雌鸟的体型比雄鸟小，头部和尾部为灰色。旅鸫是美国康涅狄格州、密歇根州和威斯康星州的州鸟。

旅鸫主要以甲虫、蠕虫和浆果为食。它们是最后一批在秋天飞向南方、最早一批在春天返回北方的鸟类之一。

通常所说的知更鸟是欧亚鸲，分布于欧洲，体型比旅鸫小，胸部通常呈现浅橙色。

延伸阅读：鸟。

旅鸫通常每窝产3~5只幼鸟。幼鸟大约在出生15天后离巢。

旅鸽

Passenger pigeon

旅鸽是一种已经灭绝的鸽类。科学家估计，在1500年，北美洲东部尚栖息着30亿~50亿只旅鸽。从大西洋海岸到美国西部的蒙大拿州，都有它们筑巢的身影。由于它们会到新区域寻找食物，所以才有了"旅鸽"这个名字。它们经常成群结队地飞行。雄鸟具有一个又短又黑的喙和一条又长又尖的尾巴，眼睛和脚为红色，头部和身体则为蓝色。雄鸟的颈部和喉咙呈红色，上面还有绿色和紫色的亮点。雌鸟的体型要小一些，而且体色更浅。

旅鸽经常成群飞行。如今，旅鸽已经灭绝了。

旅鸽在19世纪50年代开始减少。为了获取木材，同时也因为农场需要开垦土地，许多山毛榉和橡树林被砍伐。这使得大部分旅鸽的自然栖息地消失。猎人还杀死了数百万只旅鸽作为食物。最后一只已知的旅鸽死于1914年。它的标本现在陈列在美国华盛顿特区的国家自然历史博物馆里。

延伸阅读：鸟；灭绝；鸽。

旅鼠

Lemming

旅鼠

旅鼠是一类与家鼠相似的小型啮齿动物。它们栖息于寒冷的北方地区。旅鼠的种类很多。

包括短短的尾巴在内，旅鼠的体长为9~18厘米。旅鼠中的大多数种类毛皮为灰色和褐色。旅鼠以植物为食，它们会用草和其他植物制作碗状的巢。野生旅鼠的寿命可达2年。许多动物，包括鸟类、狐狸和鼬，都以旅鼠为食。

有些人认为一大群旅鼠会从悬崖上跳下去，但实际上旅鼠并不会这样直接自杀。旅鼠数量经常会出现年际间的大幅波动,这可能使得人们误以为旅鼠会自杀。它们的数量常常会在几年内大幅增长。对于某个地区而言,旅鼠的数量可能会突然变得太多,所以它们的数量就又会下降。生活在北方寒冷地区的许多小型动物都会经历类似的种群周期波动。

延伸阅读: 哺乳动物;啮齿动物;田鼠。

绿头鸭

Mallard

绿头鸭是一种常见的野鸭,栖息于世界上许多地区的浅水湿地,也栖息于城市公园的池塘和湖泊里。绿头鸭体长51~71厘米。在繁殖季节,雄鸟会长出鲜艳的羽毛。繁殖期的雄鸟具有光滑的绿色头部、白色的颈环、红棕色的胸部和黑色的尾羽。雌鸟则具有暗棕色的羽毛,这能够帮助它们隐藏。在交配后,雄鸟会脱去鲜艳的羽毛。之后它们在羽色上会变得与雌鸟相似。

在温暖的季节,绿头鸭主要在池塘和其他草原湿地筑巢。它们会在冬天飞往温暖的区域。大多数绿头鸭会在地面筑巢。雌鸟通常一次下8~12枚蛋。当雌鸟下完蛋后,雄鸟会聚集在一起,只有雌鸟会照顾小鸭子。初夏时,绿头鸭会以昆虫和螺类等小型水生动物为食。在一年中的其他时节,它们主要以种子和植物为食。

延伸阅读: 鸟;鸭。

雄性绿头鸭长着鲜艳的羽毛,而雌性绿头鸭则长着暗褐色的羽毛。

绿咬鹃

Quetzal

绿咬鹃是一类分布于中美洲和南美洲的色彩鲜艳的鸟类，是危地马拉的国鸟。危地马拉的国徽上就画着绿咬鹃。

绿咬鹃有几个不同的种类。其中一种是凤尾绿咬鹃。雄性凤尾绿咬鹃的头部、背部、胸部为亮绿色，而腹部则呈现闪亮的红色。这种鸟头部金绿色的羽毛看起来就像是头发一般。它们巨大的上侧尾羽能延伸至约90厘米长。雌性的体色则为棕色，而且也没有长长的尾羽。

绿咬鹃的脚又小又纤弱。它们会长时间静静地待在树上。绿咬鹃会在树上的洞里筑巢。

延伸阅读：鸟；羽毛。

绿咬鹃是危地马拉的国鸟。

卵

Egg

卵细胞是雌性动物所产生的一种用来创造新生命的特殊细胞。动物的幼体是在卵细胞受精（卵细胞与来自雄性的特殊细胞——精子结合在一起）后，由受精卵发育而成的。

人类女性和其他雌性哺乳动物也会产生卵细胞。但在大多数哺乳动物中，这些卵细胞并不大。几乎所有的哺乳动物幼体都是在母体内由卵细胞发育而来的，随后雌性产出活的幼崽。

鸟蛋是最为人所知的卵。所有的鸟都产卵。鸟蛋具有不同的大小、形状和颜色。

鸟蛋由好几个部分组成。蛋的外面覆盖着一层起保护作用的坚硬外壳。蛋壳内部大部分是一种叫作蛋白的物质，蛋白为胚胎（孵化前正在生长的鸟）提供食物来源。蛋白围绕着位于蛋中间的黄色部分——蛋黄，蛋黄为胚胎提供更多的食物。

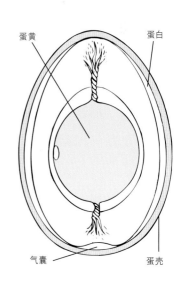

蛋黄　蛋白

气囊　蛋壳

鸡蛋的组成

还有一些动物会产下不同类型的卵。例如，蚯蚓会把卵产在一个充满乳白色液体的盒状结构里，这种结构能够使成长中的蚯蚓在里面存活。蟾蜍会在一根长长的、果冻状的条带里产下数千枚卵。而牡蛎一年会产下多达5亿枚卵。

许多动物会以其他动物的卵为食。鸡蛋对于许多人而言，是重要的食品。

延伸阅读： 鸡；胚胎；受精；孵化；生殖。

图中所展示的鸟类、昆虫、鱼类、两栖动物和爬行动物所产的卵并没有按照它们的实际比例绘制。

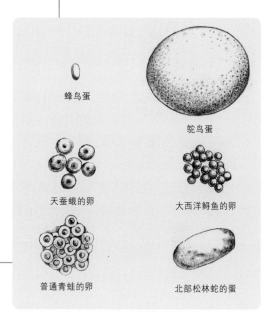

蜂鸟蛋

鸵鸟蛋

天蚕蛾的卵

大西洋鲟鱼的卵

普通青蛙的卵

北部松林蛇的蛋

卵齿蟾

Coqui

卵齿蟾是分布于波多黎各的一类小型蛙类。卵齿蟾以其雄性的鸣叫声而著称。它们的体长约为30~50毫米，雌性比雄性体型更大。卵齿蟾的皮肤大多呈灰白色或褐色，腹部为浅色。有些卵齿蟾的背上有1~2条米色的条纹。其他一些种类的肩部之间有一个M形的标记。

卵齿蟾大部分时间都待在树上，它们会在晚上变得活跃，白天则在保护区的地面上睡觉。雄性卵齿蟾会发出响亮的叫声，它们用这种叫声吸引雌性。卵齿蟾主要以昆虫和其他小型无脊椎动物为食，而蛇和大型蜘蛛等动物则会捕食它们。

雌性卵齿蟾通常在地面的苔藓或落叶上产卵。与大多数其他蛙类不同，卵齿蟾的生活史中不经历蝌蚪阶段，它们直接从卵中孵化出来，变成尾巴很小的微型蛙类。幼体的这些尾巴最终还是会消失。

卵齿蟾是一类原产于加勒比海波多黎各岛的蛙类。

卵齿蟾已经被广泛引进到世界其他地区，它们对夏威夷地区的原生野生生物造成了伤害。

延伸阅读：两栖动物；蛙。

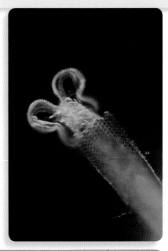

轮虫

Rotifer

轮虫是一类栖息于湖泊、河流和海洋中的微小动物。轮虫的体型很小，人们需借助显微镜才能看见它们。轮虫的种类很多。即使是最大的轮虫体长也只有约1毫米。许多轮虫的身体形状就像花瓶一样。

轮虫的头部有一圈毛发状纤毛。纤毛会来回摆动，从而产生水流。水流为轮虫带来了食物。大多数轮虫还使用纤毛游泳。

有些种类的轮虫不会游泳，它们一生都会附着在诸如石头这样的物体上。

延伸阅读：纤毛；微生物。

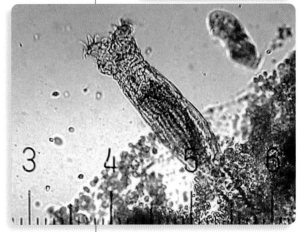

普通轮虫（下图）的头部具有帮助它们游泳的毛发状纤毛。造管轮虫（上图）会用身体里产生的矿物质在身体周围建造一个保护管。

罗特韦尔犬

Rottweiler

罗特韦尔犬是一个肌肉发达的犬种。它们长着又短又粗的黑毛。这种狗的头部、胸部和腿部都具有棕褐色的斑纹。罗特韦尔犬成年后身高可达56～70厘米。大多数雄性罗特韦尔犬比雌性体型更大。罗特韦尔犬是在德国南部罗特韦尔村附近被培育出来的。它们是约

罗特韦尔犬

一千九百年前随着罗马军队来到欧洲的野狗的后代。罗马人会用这些狗来放牧那些为军队提供食物的牛羊。罗特韦尔犬是优秀的宠物和守卫犬，不过前提是主人必须悉心训练它们。

延伸阅读：狗；哺乳动物；宠物。

骡

Mule

骡是一种由公驴和母马所生的动物。骡具有父母双方的混合特征。它们有长耳朵和短鬃毛，但脚很小，与驴很相似。它们的尾巴末端也有长毛，还能像驴一样嘶叫。但是骡具有与马相似的大体型和强壮的肌肉。

骡是强壮的使役动物，能用来搬运重物。在更恶劣的条件下，骡能够像马那样完成很多工作。骡的身体健康，抵抗疾病的能力也很不错。

骡是最著名的杂交物种之一。通常情况下，不同种类的动物不能繁殖后代。但是一些亲缘关系密切的物种有时能一起繁殖后代。它们的后代称为杂交种或杂交个体。杂交个体一般不能繁殖后代。

延伸阅读：驴；马；哺乳动物；物种。

骡是最著名的杂交种之一。一半基因来自马，一半来自驴。

螺类和蜗牛

Snail

螺类和蜗牛是有着柔软身体的动物，它们的身上通常覆盖着一层壳。螺类和蜗牛通过一个叫作腹足的肌肉器官移动。它们的头上有触角、眼睛、嘴巴和牙齿。

世界上现存的螺类和蜗牛有成千上万种。一些种类的体型比大头针的尖端还要小，有的种类则能长到60厘米长。它们的寿命则从1年到20多年不等。

螺类和蜗牛分布于森林、沙漠、河流、池塘以及海洋中的各个区域。它们能够取食很多种类的食物，包括动物和植物的遗骸。螺类和蜗牛是鱼类、鸟类以及龙虾等水生动物的重要食物。人类也会吃一些特定种类的螺类和蜗牛。一些蜗牛属于害虫，它们会毁坏庄稼、传播危害人类的疾病。

螺类和蜗牛属于软体动物。软体动物是动物中的一大类群，蛤蜊、牡蛎、鱿鱼和章鱼也属于软体动物。

延伸阅读： 鲍鱼；海螺；软体动物；壳；蛞蝓。

树蜗牛是生活在热带地区的大型蜗牛。

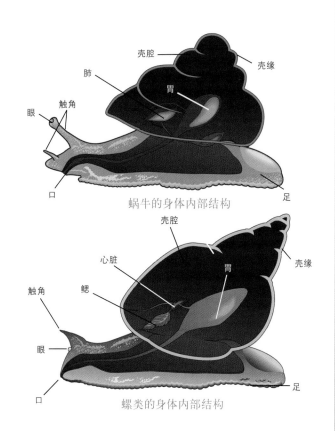

蜗牛的身体内部结构

螺类的身体内部结构

骆驼

Camel

骆驼是一类栖息于沙漠及周围地带的强壮的大型动物。在沙漠中生活的人们会用骆驼来搬运重物。人们也利用骆驼的奶、肉和毛皮。

世界上现存的骆驼有两种：单峰驼，也叫阿拉伯骆驼，以及双峰驼。单峰驼只有一个驼峰，双峰驼则有两个驼峰。许多人以为骆驼的驼峰里储存的是水，其实储存的是脂肪。当食物匮乏时，骆驼能够将这些脂肪转换为能量。

骆驼可以持续几天甚至几个月不喝水，但它们可以从食物中获取所需要的大部分水分。一只干渴的骆驼在一天之内能够喝掉200升的水。

一只成年骆驼的肩高大约为2.1米，体重可达250~680千克。它们的腿长而健壮，脖子和尾巴也很长。骆驼的大部分身体被毛茸茸的棕色毛皮覆盖。骆驼的脚下具有宽大的脚垫，这对它们在松散的沙地上行走很有帮助。

延伸阅读：羊驼；家羊驼；哺乳动物；小羊驼。

骆驼身体上许多不同的部位对沙漠里炎热而充满沙尘且缺水的环境很适应。

图书在版编目（CIP）数据

动物. 1 / 美国世界图书公司编；何鑫，程翊欣译
. —上海：上海辞书出版社，2021
（发现科学百科全书）
ISBN 978 - 7 - 5326 - 5425 - 3

Ⅰ.①动…　Ⅱ.①美…　②何…　③程…　Ⅲ.①动物—
少儿读物　Ⅳ.①Q95-49

中国版本图书馆CIP数据核字（2019）第213153号

FAXIAN KEXUE BAIKEQUANSHU DONGWU 1
发现科学百科全书 动物 1
美国世界图书公司 编　何　鑫　程翊欣 译

责任编辑　周天宏
装帧设计　姜　明　王轶颀
责任印刷　曹洪玲

　　　　　　　上海世纪出版集团
出版发行　上海辞书出版社（www.cishu.com.cn）
地　　址　上海市陕西北路457号（邮政编码 200040）
印　　刷　上海丽佳制版印刷有限公司
开　　本　889×1194 毫米　1/16
印　　张　17
字　　数　392 000
版　　次　2021年7月第1版　2021年7月第1次印刷
书　　号　ISBN 978 - 7 - 5326 - 5425 - 3/Q・18
定　　价　128.00 元

本书如有质量问题，请与承印厂联系。电话：021-64855582